阅读成就思想……

Read to Achieve

·女性成长系列·

Women WITH Money

让女性受益一生的理财思维

［美］琼·查茨基（Jean Chatzky）_著　　粟志敏_译

The Judgment-Free Guide to Creating the Joyful,
Less Stressed, Purposeful (and, Yes, Rich) Life You Deserve

中国人民大学出版社
·北京·

图书在版编目（CIP）数据

让女性受益一生的理财思维 ／（美）琼·查茨基
(Jean Chatzky) 著；粟志敏译. -- 北京 ：中国人民大
学出版社，2021.2
ISBN 978-7-300-28886-4

Ⅰ. ①让… Ⅱ. ①琼… ②粟… Ⅲ. ①女性－财务管
理－通俗读物 Ⅳ. ①TS976.15-49

中国版本图书馆CIP数据核字(2021)第017219号

让女性受益一生的理财思维

［美］琼·查茨基（Jean Chatzky） 著

粟志敏 译

Rang Nüxing Shouyi Yi Sheng de Licai Siwei

出版发行	中国人民大学出版社		
社 址	北京中关村大街 31 号	**邮政编码**	100080
电 话	010-62511242（总编室）		010-62511770（质管部）
	010-82501766（邮购部）		010-62514148（门市部）
	010-62515195（发行公司）		010-62515275（盗版举报）
网 址	http://www.crup.com.cn		
经 销	新华书店		
印 刷	天津中印联印务有限公司		
规 格	148mm×210mm 32 开本	**版 次**	2021 年 2 月第 1 版
印 张	8.125 插页 1	**印 次**	2021 年 12 月第 2 次印刷
字 数	198 000	**定 价**	69.00 元

版权所有 侵权必究 印装差错 负责调换

HerMoney 的欢乐时光

2017 年 9 月。

我们七个女人同坐在白狗咖啡馆（White Dog Cafe）里。白狗咖啡馆是一家位于美国费城西部一栋联排别墅内的餐厅，面积不大，但空间相当高挑，所以相对于那些又大又空的餐厅而言，这里有更多的角角落落可以选择，也就有了更多私密空间可供大家好好聊天。

我们几个人年龄各异，分别处在人生的不同阶段。七个人：一位30 多岁，目前单身，刚刚置业；一位 40 多岁，已婚，有两个小孩；三位 50 多岁的都是离异（其中一位再婚）；60 多岁的那位曾经两次患癌，但她坚强地活了下来，并刚刚辞去自己从事了 40 年的工作，正在开启一段新的职业生涯；那位 23 岁的年轻女子则是刚刚进入职场，目前和母亲同住。我们几个来自不同的种族，有着不同的教育背景，其中一大半都上过大学，有几位还拥有多个学位，甚至是硕士学位，其他人也都经历过学校生活的学习和磨炼。当时的我们都是职场人士，只是其中几位曾经因为抚养小孩、照顾双亲或自身原因等短暂地离开过职场。那一晚，我们中的大部分人都是第一次见面。

最终的效果显示，那样挺好。因为当晚的主题可能并不适合与闺蜜一起讨论。应该说是在我的邀请之下，我们聚在了一起，主要是为了聊聊金钱。这不是我第一次组织此类活动。过去的经验告诉我，要讨论具体的财务问题（例如，哪种信用卡最好、哪种抵押贷款利率最划算，以及哪种津贴最合适）并不难，难的是谈论金钱本身。人们不怎么愿意讨论这个话题。与我相熟的一些女性，她们愿意和其他人谈论很多问题，但却不想和我讨论金钱这个话题。

所以，我采用了这种方式。我先确保所邀请的每一位客人都清楚当晚要干什么，我也保证红酒（啤酒或伏特加，不过坦白来说，大部分是红酒）可以"敞开喝"。我想把这种聊天当作聚会上的一个游戏。在几位女性同事的帮助下，我设计了 30 个问题，用来推动讨论的进行。这些问题包括：

- 在金钱方面我有一个秘密，就是_____。
- 你是否设定了财务警钟？是什么？
- 我花钱是因为_____。
- 瞒着配偶或父母在存放内衣的抽屉里藏私房钱，你觉得这样可以吗？

我把这些问题打印出来，字体足够大，这样我们不需要戴老花镜也能看得清清楚楚。接着，我将纸张裁成条，用密封塑料袋装着，放在我的手提袋里。聚会时，我们围成一个圈。包括我在内，每个人会从塑料袋里抽出一到两个问题，然后我们就开始交谈，不停地说呀说呀。我常常说这种聚会就是 "HerMoney 的欢乐时光"。

想象一下，空窗期之后，你终于开始了一段新的感情。两个人手指无意间碰到一起时，你瞬间感觉如有电流从手指开始流过全身。第一次接吻之后，你开始渴望彼此能有更亲密的接触。

这种感觉太过美妙。而与其他女性同处一室谈论金钱给了我同样美妙的感觉。这些女性有些人和你类似，有些与你迥然不同。和她们的对话让我激动，让我兴奋，让我觉得浑身充满力量，甚至还让我感到有一点点害怕。但如果投入其中，又让我欲罢不能。

这真是一种美妙的感觉。

新的范式出现

几年前，我写过一本畅销书《赚钱无需理由》（*Make Money, Not Excuses*）。我希望借这本书告诉女性们，是时候站出来掌管自己的财务了。

之所以要这样做，是因为女性的平均收入低于男性，女性也会因为照顾孩子和年迈的双亲而辞职回家，这些都导致了我们在养老金的准备上落后于男性，但我们的寿命平均要比配偶多五年。至少在可见的未来里，情况是这样的。这也就意味着90%多的女性将要自己出面来打理自己的财务。事实上，如果能懂得如何提前管理好自己的金钱，而不是等到危机出现后再急急忙忙应对，或许我们的日子会更好过。

读者们都很喜欢这本书，这本书还登上了《纽约时报》和《华尔街日报》的畅销书排行榜。女性读者们在她们的书友会上拿出这本书进行讨论。她们将书推荐给闺蜜和女儿们。她们在看书时还会折角做标记，准备随时参考。

如今，时代已经发生了改变，而且是翻天覆地的改变。现在，女性手中的钱多了，而且有些女性手中的钱多了很多。不可否认，众多职场正在经历一场重要的转变，反性骚扰运动正轰轰烈烈地进行着，我们中的许多人终于开始为自己的金钱抗争，并且争取伴随金钱而来的权力。

同样发生改变的还有我们处理以及使用金钱的方式。我们可以利用自身的财力来创造理想的世界，不仅仅是为自己，也是为我们的家人、朋友，以及我们所支持的慈善事业来创造美好的世界。我们在这方面的意识已远超从前。

现在，尽管女性的平均收入要落后于男性，但也有众多女性已经冲到了男性前面。美国 38% 的女性收入超过了其配偶，或者是成了家里主要的收入来源。变化还不只是这一方面。超过 50% 的女性是单身，而且很多女性会继续保持单身，是家中事实上的中流砥柱。如果将她们算在里面，那么负责撑起整个家庭重担的女性所占比例就高达 60%。

这种发展趋势并不会停滞。在 2016 年的大学毕业生中，男性和女性比例为 100∶132。大学学位有助于女性获得更高的收入，也能使其得到更大的权力。百万富翁中早已有半数都是女性。未来 40 年里，遗产转移额将达到 41 万亿美元，其中 70% 将由女性继承。这不是因为父母重女轻男，而是因为女性的寿命更长，可以有两次继承机会，一次是继承其父母的遗产，一次是继承其配偶的遗产。久而久之，随着年龄的增长，美国最富有的年龄段（65 岁及以上）中，女性将越来越多。

结果将令人震惊。到 2028 年，女性将控制全球约 75% 的个人可自由支配财富。到 2030 年，女性将控制美国 66% 的财富。

全新的世界

把所有这些余钱拿出来，然后按照男性已经使用数十年的理财方式，一股脑地投入金融市场？这种做法并不可取，因为女性不一样。我们希望能花钱实现不同的目标。我们会使用不同的方法来衡量自身的发展。我的朋友、畅销书作者简·布莱恩特·奎恩（Jane Bryant Quinn）

有句名言："钱不分什么粉色或蓝色，钱就是绿色的。"她说得当然没错。但多年的研究和经验也告诉我，身为女性，我们会从不同的角度去看待金钱。因此，我们需要另一类书来指导自己。

首先，也是最重要的一点，作为女性，我们的目标就是创造自己想要的生活，而金钱则是帮助我们实现目标的工具。对众多男性来说，事情并非如此。

此外，还有其他重要的差异。

相比男性来说，我们更关心经济和政治问题，也乐于有选择性地花钱来解决这些问题，创造改变；我们更关心孩子和孙辈的财务状况，关心他们的财务稳定性，希望确保他们能得到大学教育；我们更希望能为家庭和社会，以及这个世界留下一定形式的财富。我们更想用自己的钱来帮助其他人，也更想用自己的钱来帮助自己，确保自己有长期稳定的收入流，不用担心没钱。真的，生活无忧这个问题相当重要。安联保险集团（Allianz）的研究也显示，相比死亡，人们更加担心人还活着，钱却用光了。

女性和男性对待金钱的态度也截然不同。美国心理学协会（American Psychological Association）的研究显示，相比男性而言，女性在生活中本来就要承担更多的压力。这种压力体现在身体和精神方面，而且与日俱增。哪些因素给我们带来的压力最大呢？是金钱。尽管研究已经显示，女性并不比男性更情绪化，但我们对负面情绪的感受的确更强烈。很多负面情绪都与我们的财务情况息息相关，尤其是负疚感、羞耻感、焦虑感和尴尬。只是那些恼人的男性说教者坚持认为女性要更加情绪化。

综合所有这些因素，也就不难明白为什么很多女性会觉得自己知识

让女性受益一生的理财思维

WOMEN WITH MONEY The Judgment-Free Guide to Creating the Joyful,
Less Stressed,Purposeful（and, Yes, Rich）Life You Deserve

不够渊博，难以自信满满地去掌管自己的财务。我们中有太多的人仍然选择对所有财务问题避而不谈，或者我们会找种种理由来回避财务问题。

好消息就是，我们已经做好准备翻开新的篇章。富达投资集团（Fidelity Investments）最近的调查显示，92% 的女性希望能更多地了解财务规划，83% 的女性希望能更多地参与到自己的投资中去。

我们对风险的看法似乎也已经发生了改变。研究显示，在过去的数年里，女性的投资风险承受力不及男性。这点让我们很吃亏，尤其是存在银行吃利息的钱本来可以放到股市去赚大钱的。我们现在看到，越来越多的女性对金钱有了更多的认识，也能够更加轻松地去承受适当的风险。美林集团（Merrill Lynch）的研究显示，事实上，剔除年龄和人生目标的影响，女性和男性之间的风险承受力差距并不大。此外，85% 的女性认为自己过去承受风险（即在预先考虑到税金和通货膨胀的因素影响后让资金长期增值）后得到了切切实实的好处。

了解所有这一切后，我决定再次尝试，而本书正好适用于当下。我并没有在书中详细传达如世界顶级经济学家、精神病学家、心理学家、行为学家、社会学家、理财规划师、会计、理财教练以及律师等的思想和观点，而是剖析了数百位女性的真实故事。她们敞开心扉，直率地谈论了自己的人生、疑惑和恐惧，以及自己的希望和梦想。

我在这本书中道出了最深刻的领悟。我涉足个人理财领域已经有25 年了。我进入个人理财领域的第一份工作是 1991 年开始在《精明理财》（Smart Money）杂志任职。当时，我告诉即将成为我老板的人，我不想每天就是负责整理 12b-1 费用这些琐事①。他向我保证，我的工作就是撰文介绍人们和金钱打交道的故事。尽管很久以前我就从该杂志离职了，但我一直牢记着那位老板的教导。有一点始终没变，我仍然认为生活是我的关注点，而金钱则是让我去观察生活的那扇窗户。

不过，在过去 25 年里，我本人已经发生了很大的改变。改变源于生活。我已经有了两个孩子，经历了离婚和父亲过世，然后又再婚（并且有了两个继子女，现在还有了一位儿媳妇）。我的母亲也再婚过（给我带来了三位异父异母的兄弟）。孩子们遇到困难时我会担心，孩子们恢复状态时我也跟着欢喜。孩子们离家上大学时，我会因为不舍而流泪。当其中一个孩子毕业，要去美国其他地方工作和生活时，我不舍的眼泪更是止不住。当母亲和继父因为年龄增长而病痛渐生时，我的担心也随之增加。

我的职业也发生了改变。大家第一次看到我可能是在《今日秀》（Today）节目中。当时我还只是一位普通员工，第一个孩子刚刚满周岁（现在已经 24 岁了）。在《今日秀》节目的工作是我的一份兼职工作。业余时间里，我会写写书，时不时地发表一下演说。但我还有一份主业，在一家公司坐办公室，享受着公司的福利。大概 10 年前，我加入了美国 600 余万创业者之列。我有了自己的第一个员工，购买了医疗保险，拥有了 401（k）养老账户。现在，我的公司规模依然不大，但还在不断地发展。我们建立了网站 HerMoney.com。我曾经聘请年轻的应届毕业生担任记者，对他们加以指导和培训。很多人后来跳槽到了《福布斯》《华尔街日报》和金融网站 NerdWallet，或者是开始自行创业，成家立业，这些都让我颇感骄傲。

---

① 12b-1 费用是指共同基金的年度销售或营销费用。相当重要，但非常乏味。

让女性受益一生的理财思维

WOMEN WITH MONEY The Judgment-Free Guide to Creating the Joyful,
Less Stressed,Purposeful （and, Yes, Rich） Life You Deserve

这种种经历让我更深刻地领悟到金钱在个人生活中的重要性，而且这种重要影响会持续存在。身为女性，我也更清楚哪些方法能最大限度地帮助我们去同金钱打交道，创造最佳效果。再次强调一遍，我们的目标就是拥有理想的生活。绝对没有任何理由能阻止我们去拥有这种生活。但我们必须对金钱有更清楚的认识，能更自信地去打理金钱，因为金钱是我们创造理想生活的工具。

这就是这本书的由来。我将带大家踏上一段精彩的历程。

首先，我将带领大家了解我们在同金钱打交道时扮演着什么样的角色。我们希望从金钱处获得什么？过去的经历如何影响和塑造了我们（如果有必要，我们要如何消除历史的影响）？为什么金钱让我们那么情绪化？在我们与他人的关系中，金钱会如何变成不请自来的电灯泡？第一部分将帮助大家对自身有更好的了解，拥有更敏锐的视角，从而去迎接第二部分和第三部分中一些更实际的挑战。这些挑战对策略的要求也更高。

接下来，在第二部分，我们将分析如何来管理金钱，为自己创造理想的生活。我们将探讨怎样提高自身的赚钱能力，即获得应得的收入、创业（或干副业）和进行长期投资（以及按照自身所愿去影响这个世界）。我们将会深入地研究一下房地产行业。拥有自己的一套房子，（最终）还清贷款，对许多人而言是一项重要的财务目标。我们将会探讨如何来实现这个目标，以及如何协调买房和其他重要的财务目标。我们将会分析怎样让金钱给我们带来快乐。我们鼓励女性拥有正确的消费观。

在第三部分，我们将把目光从自己身上挪走，去看看其他人。我知道，女性习惯于把他人摆在比自己更重要的位置上。你会发现，我在这里要改变那种观点。我们将会把重点放在如何使用金钱来培养自信独立的孩子，把他们送入大学。接着讨论如何来照顾年迈的双亲。最后，我们还会探讨如何在这个世界留下自己的印记。

未来的革命

数百位女性对我或我在 HerMoney 的同事敞开了心扉，她们在电话、电子邮件、社交媒体或者是面对面的交谈中畅所欲言，用自己的语言分享了自己的故事和经历。这些都是这本书的素材，贯穿全书，而你也将会沉醉其中。你将在每个章节的内容中与她们碰面。多数人的名字采用化名。在部分例子中，一些能让人辨认出的细节也做了处理，但她们说的话都原封未动。我不辞辛苦地将数个小时的录音变成文字，就是为了确保她们表达的意思能得到准确无误的呈现。她们的话语不容他人篡改。

我曾经多次组织 HerMoney 的欢乐时光聚会，费城那次聚会仅是其中之一。这种聚会有时候安排在晚上，有时候在下午，有时候在早午餐时。聚会地点有加州马林郡的一套别墅，田纳西州那什维尔市的一家酒店大厅，纽约市的一间会议室，菲尼克斯城外的一间餐馆，以及其他众多地方。每一次在谈话结束时，大家的反应基本类似，都觉得这次经历太不同寻常，太特别了。用缅因州一位女性的话来说就是，这种聚会让人感觉颇具革命性。

让我们再回到费城白狗咖啡馆的那次聚会。在那次聚会上，我从塑料袋里抽出了下面这个问题：

- **你会和谁讨论自己的金钱问题？不能和谁讨论这个问题？为什么？**

丽莎（50 多岁，离异，创业者）：这个问题问得不错。还记得安

让女性受益一生的理财思维

WOMEN WITH MONEY The Judgment-Free Guide to Creating the Joyful,
Less Stressed,Purposeful （and, Yes, Rich） Life You Deserve

妮特·贝宁（Annette Bening）主演的电影《意外的人生》（*Regarding Henry*）吗？她的丈夫[哈里森·福特（Harrison Ford）扮演]不幸中弹，无法工作。一位朋友建议她，绝对不能把自己经济拮据的情况告诉其他任何人。那是她的弱点所在！我的意思是，我会同自己的闺蜜谈论一切事情，一切私人的事情。但我们从来不会谈论金钱。

克劳迪娅（60多岁，已婚，作家）：这种对话实在太非同寻常了。我不会谈论这种话题。那是忌讳。

莫尼卡（40多岁，已婚，电视节目制作人）：要知道，情况真是这样的。我知道自己的一些朋友经济拮据。也许我们会泛泛地说一下开支，但绝对不会深入去讨论。

珍：那么，你们喜欢这个话题吗？或者说你们绝对不会再谈论这个话题了？

克劳迪娅：我一直觉得不好意思去说自己过去是怎么打理金钱的，或者让人知道我是让丈夫去打理的。但我不得不说，当听说其他人也有类似的想法或感受时，我感觉好多了。我感觉自己有了些许释然。

丽莎：我也这么想。这种对话真让人有这种感觉。它让人感觉应该去掌管自己的财务生活。我值得拥有这种把控力。

我们都值得拥有这种把控力！

就让我们来开启革命之路吧！

目录

Contents

让女性受益一生的理财思维

WOMEN WITH MONEY The Judgment-Free Guide to Creating the Joyful,
Less Stressed,Purposeful（and, Yes, Rich）Life You Deserve

WOMEN
WITH
MONEY

Part 1
学会与金钱打交道

第 1 章

你希望金钱能给你带来什么

我曾经认为最重要的是金钱，后来我又认为时间才是最重要的。但现在，我认识到时间不是最重要的，最重要的是满足感。

最初，我会为了上学而牺牲自己的满足感。毕业后，我会加班加点、兢兢业业地工作。再后来，我开始认识到时间的宝贵，开始思考是否值得在一些事情上花费时间。如果想要做什么事，我会先想，这件事情值得我花那么多时间吗？

现在，我已经30出头了，（在看自己的时间分配时）我开始思考，究竟是把更多时间放在工作上，赚取那些我可能并不需要的金钱，还是做那些自己喜欢但收入相对低一些的事情呢？

娜塔莎

30多岁，来自新泽西州，单身，编辑、宣传人员

你希望金钱能给你带来什么？

你是否问过自己这个问题？如果没有，还有很多人和你一样。在生活中，我们常常会被问到诸如"靠窗还是靠过道的位置"或"牛排味道还可以吗"的问题。这时，大家的答案通常会脱口而出。在撰写本书时，我采访了众多女性。但其中多数被问到"你希望金钱能给你带来什么"时，她们通常无法快速做出回答，而是要花上至少一分钟先想

一想。

在她们给出答案后，那些答案遵循着同样重要的思路。我们一再听到的话语是，金钱本身不是目的，存钱不是为了发财。当我们停下来，花时间思考那个问题后，我们就已经拥有了清晰明了的答案，明白我们想如何利用金钱来打造自己理想的生活，一种对自己，同时对家人，甚至是这个世界来说理想的生活。

在谈论那些问题之前，我们先要弄清楚四个 S，即安全（Safety）、庇护（Shelter）、保障（Security）和稳定（Stability）。

给予你安全的庇护

1943 年时，心理学家亚伯拉罕·马斯洛（Abraham Maslow）还默默无闻。他在学术期刊《心理学评论》（*Psychological Review*）上发表了一篇文章，名为《人类动机论》（*A Theory of Human Motivation*），首次向全世界介绍了他的需求层次理论。后来人们用金字塔来形象地表述这个理论。马斯洛提出，从根本上来说，金字塔最底层的需求必须先得

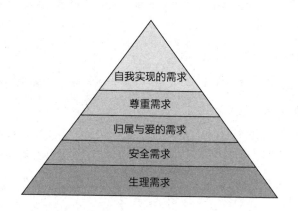

到满足，然后才能往上面的层次走。最底层的需求同人类的生存相关，例如食物、水和温暖。上面的层次则主要是和谐的关系、能让我们感受到价值和成就的工作以及自身潜力的充分发挥。

在采访中，许多女性告诉我们，她们希望金钱能满足自己在第二个层次的需求，即安全、庇护、保障和稳定。

我们希望自己的财务状况稳若磐石，固若金汤。很多人认为金钱必须先用来满足自己的基本需求，然后才能去考虑其他用途。

这句话有道理。如果所处的环境让你觉得安全有保障，舒适安心，那么你就会有更多的精力去提升自己的人际关系、职业发展和整体生活质量。如果你时刻担心未来可能会出现意外情况，为此紧张不安，那么你肯定没那么多精力去关注其他的事情。

同男性相比，女性每天的不安全感要更为强烈。这不是什么新现象。多年前，盖洛普咨询公司（Gallup Organization）曾经针对143个国家调查分析人们晚上独自在自家街区行走时是否感觉安全。然后他们对比分析了男性和女性的调查结果。在84个国家中，男性和女性的安全感相差达到了两位数，而且高收入和中高收入国家（比如美国）的差距最大。换言之，如果你生活在一个不错的街区，街区内安装了安保系统，家里有优质的门闩，身边有忠实的狗狗相伴，但你仍然感到害怕，那这种情况也很正常。

第二层次的需求得到体现的方式相当有趣。比如对纽约州的特蕾西律师（30多岁）来说，安全感就意味着拥有一套房子，就这么简单。"我们在我怀孕前买了房，"她说，"我希望能安定下来。"36岁的阿里尔来自新泽西州，是一位古董店主。她也持有同样的观点。"成功就是有我自己的家，还有我家里的一切，"她说，"金钱是让我实现成功的工具。"

我完全能感同身受。大概 12 年前，我在与丈夫分居一段时间后离婚。当时我一心想买房，让我的孩子有个可以舒舒服服居住的地方。当他们和他们的父亲在一起时，我也能有个地方放松一下自己。我想要一个舒服的角落，可以读读书，看看电视。我想要一个能给自己温暖的地方。不要去想当时的房价很高，就算是我现在把房子卖掉，也卖不到当初买房的钱。我在 2005 年 5 月份签订购房合同，次年房地产泡沫破裂。从经济角度来说，租房可能更加可行，但我甚至都没那么想过。房子必须是我自己的，那样就没有人能够从我手中将它夺走。事实上，数年后再婚时，我拒绝让再婚的丈夫帮我还贷。对我而言，买房已经给了我足够安全感。对于其他女性而言，那种需求更加强烈。她们希望能完全地拥有自己的房子。30 多岁的克里斯蒂娜来自肯塔基州，是一位商业教练。她表示，她的"大目标"之一就是还清抵押贷款，"我认为拥有房子能给我一些心理上的安全感"。

对安全感的需求同样也存在其他的形式。我想起了茱莉娅·罗伯茨（Julia Roberts）在《风月俏佳人》（*Pretty Woman*）中拿着一把安全套，实事求是地告诉李察·基尔（Richard Gere）说："我是'安全'的女孩。"

我们听过很多关于安全汽车的消息。50 多岁的丽莎，来自威斯康星州，经营着一家医疗保健公司。她说："我丈夫总是觉得，我们这个社区的成功人士就住在那里，他们开的就是那种车，他也希望那样。他总是沉迷于这些东西。而我则更关心我开车带着孩子们到处跑时的安全问题。"来自亚利桑那州的 40 多岁的里基颇有同感。她说："我觉得开不开法拉利都没有关系，但至少我需要一辆非常安全的车，而且车要足够新。所以，我只租车。"郑重声明，我完全赞同她两位的观点。我开的就是一辆沃尔沃旅行汽车。

还有很多女性对安全感的理解则要更加贴近其字面意义。

储蓄 = 安全感

自 1828 年（谁知道呢！）起，各版《韦氏词典》（*Merriam-Webster Dictionary*）里详细列举了"save"这个词语作为动词时的含义，真是一长串。这些定义包括：

- 救赎；
- 拯救；
- 防止损害、破坏或损耗；
- 储蓄、保留。

第一条定义就不用看了（在词典中，这条定义列在了最前面，所以我也只好跟着列举了出来），因为对很多女性而言，金钱能带来的安全感最主要来源于实实在在的储蓄。这个储蓄是指存在银行里的钱。40多岁凯思琳来自纽约州，是一位单亲妈妈。她解释说：

> 对我来说，储蓄给了我很大的安全感。事实上，我卖掉了布鲁克林的公寓，然后收养了我儿子，并且最终住到了郊区。现在我租房住。手中有钱让我感觉很安全。我知道，聪明的做法是拿钱进行投资，但这样会让我感觉很紧张。而现在，看到安全储蓄中的余额数字，会让我感觉稍微好点。

希瑟是纽约州的作者经纪人，已经年过 50。她也有着类似的想法，生活中希望囤积现金，而在职场中反而更加愿意冒险。"在第一次辞去一份高薪工作时，我一定要看着把卖房子的 80 万美元存到银行里，才

让女性受益一生的理财思维

WOMEN WITH MONEY The Judgment-Free Guide to Creating the Joyful,
                   Less Stressed,Purposeful（and, Yes, Rich）Life You Deserve

觉得心里有底，才可以做出那个辞职决定。"有趣的是，在赚钱的能力变得越来越强后，她需要的保底现金额也大幅下降。第二次辞去高薪工作时，她的缓冲金额是 8 万美元。最终，到她完全结束打工生涯，开设自己的公司时，那个金额只有此前的十分之一了。"我觉得，当你起跳高飞的那一刻，万一出现意外你也能自己抓住不下坠，那么下面的安全网就用不着那么大了。"她说，"事实上，你会发现自己才是那张安全网。"

让你拥有选择的自由

在获得了一定程度的安全感之后，或者说在其他更原始的需求得到满足之后，我们还希望金钱给我们带来什么呢？

事实上，这个问题问得不对。我们希望金钱能带来什么？这个问题的答案就像彩通色卡（Pantone）上的颜色一样五花八门。正确的问题应该是："你希望金钱能给你带来什么？"这相当于在问："你希望生活是什么样的？"只是换了一个问法。

我们晚点会再一起捋一捋这个问题。在思考这个问题的过程中，很可能需要用上纸和笔。你还需要一个安静点的地方，这个问题不是想一下就能彻底回答清楚的。你需要先开始思考，然后暂时放下来，过后再回过头来重新思考。而且正如众多女性指出来的，这个问题的答案会随着年龄和人本身的变化而发生改变。这点在预料之中，完全没问题。你会一再重新思考这个问题，稍做调整，然后继续前行。

关键在于，对于世界上的所有人而言（那些顶级富豪除外），金钱是一种有限的资源。如果金钱能完全用在那些我们最看重的东西上，那是再让人开心不过的了。这些东西可以是有形的，也可以是无形的。比如房子、安全的汽车、让我们感觉舒服体面的衣服，以及每天在家门口迎接我们的拉布拉多寻回犬等，这些都是有形的东西，它们是很容易把控的，因为我们可以看到实实在在的东西。相比之下，无形的东西就比较难以表述，因为它们难以让人看到实物，一般是用词语来定义，比如自由、灵活性和时间。例如以下事例。

- 能自由地摆脱糟糕的关系。有钱的话，我就能做到心境平和，明白当婚姻生活令人不快时，我不需要因为缺乏经济保障而继续那段婚姻。那对我而言相当重要。我非常幸运，因为我知道有些女性可能做不到我这样（佐伊，40 多岁，离异，非营利组织负责人，来自纽约州）。

- 能自由地辞去自己不喜欢的工作。我这一生大部分时间都在工作，但从未真正地爱上过自己的工作。所以说，事实上，我不再工作了，我可以做自己想做的事情了，这太棒了（卡罗尔，60 多岁，已婚，退休，来自北卡罗来纳州）。

- 能自由地回报社会。我希望后半生能从事志愿工作。我们现在一切都在正轨上，但仍然还有很长的路要走（珍，30 多岁，已婚，商业银行家，来自田纳西州）。

- 不用承担财务风险。等钱足够了以后，我就不用再在市场上拿着钱承担风险，我不用冒险也没事……我知道，自己已经有了财务保障（吉娜，30 多岁，已婚，CEO，来自密歇根州）。

- 不用请求他人的许可。我希望能做自己想做的事情……能有一个屋子为我遮风挡雨，能支付账单，能开车去上班，能和家人联系，能和朋友们共度美好时光……做这一切时不用担心其他任何人是否同意。我觉得有钱后做自己想做的事情是没问题的，我希望自己能那样（娜塔莎，30 多岁，单身，编辑兼宣传人员，来自新泽西州）。

让女性受益一生的理财思维

WOMEN WITH MONEY The Judgment-Free Guide to Creating the Joyful,
Less Stressed,Purposeful（and, Yes, Rich）Life You Deserve

- 能彻底地不用再担心钱的问题。在我看来，真正的成功就是不用再去想任何钱的问题，觉得自己已有足够多的钱了，不用再去担心钱的事情。但钱赚得越多，我就越觉得那个目标难以实现（克莉丝汀，30 多岁，已订婚，社交媒体经理人，来自佛蒙特州）。

有时间做自己喜欢的事

在这个公式中，还有另一个非常重要的变量，那就是时间。更具体一点说，就是你的时间。

遗憾的是，"时间就是金钱"这句话是由男性提出来的。我曾经希望这句话最初是茱蒂·丹契（Judi Dench）在电影中扮演的某位风华绝代的女王所说的。可惜事实上，这句话最早源自本杰明·富兰克林（Benjamin Franklin）。当时，他说了下面这段话：

切记，时间就是金钱。如果一个人凭自己的劳动一天能挣 10 先令，那么如果他这天外出或闲坐半天，即使这期间只花了 6 便士，也不能认为这就是他全部的耗费。他其实花掉了或者应该说是白扔了另外五个先令。

富兰克林这笔账算得没错，只是有点伤感情，尤其是我们现在把每天的日程都塞得满满当当的。我们要做的不仅仅是懂得何时时间就是金钱，还要明白何时金钱能给我们创造时间。我们如何使用金钱来解放自己，让我们可以有时间去做比工作更有意义或更重要的事情呢？什么时候可以用钱去化解艰巨或讨厌的工作任务所带来的部分压力呢？想想生活中的一些小事，比如当你不想做饭时就点外卖，因为太难停车就干脆叫车去机场，因为某些原因就大吃大喝一顿。好吧，大吃大喝也不用什么理由。

然后再想想一些大事。金钱可以让你有时间去见好久不见的朋友（或者是常见但怎么也见不够的朋友）；金钱可以让你有时间去照顾身体不好的双亲；金钱可以让你每天少工作一个小时去培养新的业余爱好；金钱可以让你有时间全职或半全职地在家带小孩。克丽丝汀，30多岁，来自华盛顿州，是个新手妈妈。她已经全职在家照顾宝宝一年了。"我知道我很幸运，很多人没法享受这种亲子时光，"她说，"和宝宝待在一起的每天都让我心怀感激。"

我们要做的就是进行分析思考，想想时间和金钱的转换公式适用于你人生中的哪些事情。来自密歇根州的 CEO 吉娜解释说：

我有自己的公司，也就是说，我在工作中投入的时间越多，赚得也就越多。有时候，我会加班加点，保证自己有更多的储蓄，从而不用有金钱方面的担心和压力。其他时间里，我会选择用减少工作时间来增加个人的时间。我肯定会竭尽所能加以控制，不能天天晚上都待在办公室，要抽时间和家人待在一起。去年，在大女儿去上大学之前，我决定那年暑假的每个周五都不上班，这样就可以趁三个女儿都还留在家里时能和她们好好地相处一段时间。

想要和需要的天差地别

让我们来找找答案吧。你希望金钱能帮你干什么？

在教孩子们学习金融知识时，最先要教的内容之一就是让他们能区分想要和需要。暖和的外套？那是需要。最喜欢的球队的球服？那是想要。午餐？那是需要。在街角新开的寿司店吃午餐？那是想要。

让女性受益一生的理财思维

WOMEN WITH MONEY The Judgment-Free Guide to Creating the Joyful,
Less Stressed,Purposeful （and, Yes, Rich） Life You Deserve

他们马上就能理解这两个概念了。后来，他们慢慢长大，被灌输了大量胡扯的鬼话。行为经济学家莎拉·纽科姆（Sarah Newcomb）解释说，严格区分想要和需要存在几大问题。

第一，人们会存在需求，然后也会有大量的方式去满足需求。你需要交通运输，那是否意味着你需要一辆车，甚至是一辆豪华轿车呢？或许不用，也可能公共汽车就够用了，或者自行车，或者网约车。

第二，可能对女性而言更重要的一个问题就是，如果我们告诉自己，任何基本生存所不需的东西都是多余的，那么我们就会忽视大量的另一种需求，即情感需求。

对纽科姆本人来说，漂亮是一种需求。"在我的生活中，漂亮格外重要，"她说，"那样我才会感到舒服。我从中能得到很大的快乐。所以对我来说，漂亮的衣服和漂亮的房子都是深层次的需求。"你的情感需求也许和她不一样。舒服？享受？刺激？不管是什么，关键是要明白：（1）它们也是需求；（2）它们是合理的；（3）如果这些需求得不到满足，你就会变得不开心。那么，你就可以使用自己的资源来满足你的这些需求。要满足这些需求并不一定要花大量金钱。纽科姆已经知道，洗个泡泡浴，边泡澡边来杯不错的苏格兰威士忌酒，听听慢节奏舞曲，这对她来说就是一种享受，是一种美好的个人时光，可以让她得到强烈的满足感。

第三，试图忽视自身需求通常没有用。这一点非常重要。如果你曾饿得大发脾气，也许会更有感触。一整天下来你都没有停下来吃点东西，一段时间可能没问题。但此后，你的胃开始发出信号，告诉大脑它在等着东西消化。它请你给它塞点东西进去。不用太多，或许就是一杯酸奶，或许就是一根能量棒。但你做事的兴头正高，没有搭理胃发出的信号。一会儿后，你开始处于崩溃边缘，脾气变得暴躁，于是吃了最后的八块巧克力。该死！不要在意孩子们可能睡觉前想吃一块；不要在意没人会愿意回想自己刚刚吃掉了八块巧克力。我们的情感需求就像饿得要发火一样强烈。如果我们忽视这种需求，那它就会变得越来越强烈，越来越紧迫。

第四，也是最后一个问题，就是我们面对的众多需求并非自身需求，而是其他人（朋友、亲戚和广告商们）希望我们将那些当作自身需求。这些也就是"应该怎样"。当你想干某事或者购买某样东西时，如果仅仅是因为别人希望你这样，或者只是想要跟上潮流或其他人的脚步，那么你可能就落入了"应该怎样"的窠臼。人们应该时刻避免这一点。

花钱的同时别忘同步你的价值观

钱多钱少并不重要。如果我们懂得开支要同自身价值观保持同步，花钱时就会更开心，也会感觉花钱创造的价值更高。

下面两个练习将帮助你做到这一点。第一个练习是让你回顾过去，第二个练习则是帮助你展望未来。

练习 1

回顾过去

在接下来的一个月里，对所有的开支都进行记账。不管是赊账、现金支付还是电子支付，把每笔交易都记录下来。然后每周结束时，回头看看该周的所有记录，写下你对这周开销的看法，也算是事后感悟吧。你会发现，有些开销让你感觉相当不错，但

让女性受益一生的理财思维

WOMEN WITH MONEY The Judgment-Free Guide to Creating the Joyful,
Less Stressed,Purposeful（and, Yes, Rich）Life You Deserve

有些开销给人的感觉就不那么好了。那些让人感觉不怎么好的开销就是在发出信号，告诉你本可以有更好的方式去花那些钱的。如果你讨厌自己把钱花在健身房，因为你不喜欢那家健身房，又或者是因为更衣室气味难闻，让你又想起了中学时的痛苦往事。那么问问自己：我是否可以把这些钱花在别处，同样满足自己保持体形的需求呢？买双新跑步鞋？每周到时髦的动感单车健身工作室去上一堂课？

练习2

展望未来

在 HerMoney 播客中，人气最旺的内容之一是一段对萨曼莎·埃特斯（Samantha Ettus）的采访。她是《均衡人生》（*The Pie Life: A Guilt-Free Recipe for Success and Satisfaction*）一书的作者。埃特斯的理论认为，我们的人生就像是一块大饼，被分成了七块，分别是家庭、工作、人际关系、爱好、健康、朋友和社团/宗教。每一块都必须得到满足，这样我们才会觉得人生圆满。我们在每一块所花的时间和精力会随着时间和人生阶段的变化发生改变。例如，当我们把重点放在追求职业发展或抚养小孩时，爱好可能就会被放在次要位置。等退休后，我们有了空闲时间，希望能做点有意义的事情，爱好这时就开始要冲在前面了。

不过她指出，就算是你当前在某块领域并没有花太多的时间，还是有必要给它留有一定的空间，便于自己以后再涉足该领域。现在是时候来划分一下你的这个"饼"了。估算一下每一块所占的比例。你在这些领域上各花了多少时间？

家庭：＿＿＿＿＿＿＿＿；

工作：_____；

人际关系：_____；

朋友：_____；

健康：_____；

社团 / 宗教：_____；

爱好：_____。

现在再想想看，你觉得这种分配怎么样？有问题吗？你是否宁愿将更多的时间、精力、资源花在家庭上，在工作上少花点呢？花多少呢？或许你可以想办法，将每周工作五天变为每周工作四天，多花一点时间待在家里。或者，如果你正在接受训练，要应对身体上重要的挑战，那么健康现在可能在那块"饼"中占据很大一块。当这场比赛结束之后，情况会发生什么样的变化呢？现在你不用再接受训练，或许你可以开始每周和朋友一起出去徒步，那是你在训练期间一直心心念念的事情。徒步这项体育运动仍然可以让你得到锻炼，此外你有了更多的时间和朋友相处，可以让"朋友"那块饼变得更大。

在懂得自己最看重的是什么后，你可以开始利用自己的资金实现目标。这种转变不可能一蹴而就，不过下面的建议或许能帮到你。

建议 1：摒弃罪恶感

我是犹太人，所以当我说我觉得自己有罪恶感时，请相信我，我说的是真的。我不仅仅常常有罪恶感，而且会为之感到痛苦。曾经我难以摆脱那种感觉，甚至百般尝试都未成功，但我们还是应该继续尝试。罪恶感会破坏我们的生产力、创造力、效率和专注力。罪恶感导致我们不

让女性受益一生的理财思维

WOMEN WITH MONEY The Judgment-Free Guide to Creating the Joyful,
Less Stressed,Purposeful （and, Yes, Rich） Life You Deserve

管做什么都难以感受到快乐。心理学家盖伊·温奇（Guy Winch）指出，我们每周感到负疚感的时间会平均累积到五个小时。

到底什么是罪恶感？从法律角度来说，罪恶感涉及犯罪；从情感角度来说，罪恶感就是当你未能按预期做到某些事情时的一种感觉。很多罪恶感源自我们内心的声音，包括受之有愧的感觉。但其他人也有可能将罪恶感强加给我们，为的就是让我们按照他们的方式做事。再回到金钱的问题上，这也就意味着要利用我们的资金（或时间）来满足他们的期望（例如购物，向他们的慈善事业捐款，或者是关注他们最看重的事情），而不是做我们自己想做的事情。

不管是从内部还是外部因素来说，我们都必须明白，是否要接受那种罪恶感在于自己的选择。我们可以选择不接受，在如何使用自身资金和时间的问题上坚持听从自己的感受，不受其他人的摆布。如果你长期深受罪恶感之痛，那么可能做比说要难。这样的话，又要怎么来消除罪恶感呢？在我的播客中，埃特斯介绍了一种方法，这种方法曾经对我来说是有效的。"要明白，当你觉得有罪恶感时，没有人是赢家，其他人（通常并非一个人）也是输家，"她说，"你是输家，因为它让你有压力，影响了你的健康，当然也会影响到你的孩子、双亲、朋友和身边的其他任何人。"她给出的解决方案就是不管你在干什么，都要尽量做到更加投入。

这种方法很有效。"如果你将110%的时间都放在工作上，那么回家后把工作关在门外，这样做会更容易。如果你晚上陪着小孩，那就关掉电话，花两个小时去听听孩子们说话，同他们一起玩耍，这要比八个小时心不在焉的陪伴效果好很多。"埃特斯解释说。我非常赞同她的话。花时间陪伴孩子或父母，这样你也不用因为无法陪伴他们而心不甘情不愿地花钱进行补偿了。

建议 2：接受自己给出的理由

正如我在序言中指出的，我在 10 多年前写过一本书来探讨这个问题。我在那本书中详细讲述了我们会如何找一些理由来阻碍自己往前走，阻碍自己去掌管自己的财务状况。那本书列举并驳斥了当时关于金钱最常见的一些理由。

- 我不知道要从哪里着手……
- 我的数学不好……
- 我完全没头绪，不知道要怎么打理钱……
- 我没时间……
- 可是我丈夫管钱……
- 我没衣服穿了……

要同这些理由抗争，首先就要明白，这些理由都是你自己找出来的。先倾听自己的声音，然后每次选择其中一条理由来重点对待，就像你对待其他目标一样。将这条理由分解成可加以管理的小任务，然后一步一步来。在完成每一步之后，要肯定自己的成果，为自身的进步感到高兴。然后再继续往下走。

如果你的理由是没有时间去打理钱，那么每天留 15 分钟时间来做点和理财有关的事情，比如读读报纸上的商业板块；对自己的账户加以整理和改进；寻找合适的财务顾问。

建议 3：承认这些金钱是你应得的

另一个障碍可能是你无法对自己慷慨大方。为了让金钱帮助自己实现目标，你必须承认，这些钱是你应得的。换言之，你应该允许自己拥有并享受财富。

让女性受益一生的理财思维

WOMEN WITH MONEY The Judgment-Free Guide to Creating the Joyful,
Less Stressed,Purposeful（and, Yes, Rich）Life You Deserve

人们进行了大量的研究，分析为什么女性的收入只有男性的 80%。就算是在表面看来公平的领域内，这种情况也是真实存在的。《美国医学会期刊：内科学》（*JAMA Internal Medicine*）曾经在 2016 年刊发了一份研究，分析了男性和女性医生的薪酬。该研究对比了科室、从业经验和从业地点等都完全相同的男性医生和女性医生的薪酬。研究发现，女性医生的收入平均每年要少 2 万美元。该研究的第一作者在接受《时代周刊》采访并被问到个中缘由时表示，这是因为女性不懂得谈判，而且不会想着跳槽，然后拿着其他雇主给出的薪水再回过头来找现在的老板，以此为证据要求加薪。

为什么女性会这样？一方面，是因为我们明白，在工作中大力宣传自我并争取机会要付出很大的社会成本，其他人对我们的好感度就会下降。这点也是有研究证实的。问问希拉里·克林顿就知道，当她在全美宣传，力争国务卿之位时，她的选票数会暴涨；但在她参加总统竞选时，情况就没有那么好了。

不过，我们也可能不确定自己是否应得或者说值得那么多工资。30多岁的詹尼弗，是一家医疗保险公司的高管，生活在加利福尼亚州，孩子尚小。她和丈夫决定回到新泽西州生活。詹尼弗找到公司 CEO，阐述了自己的想法。CEO 表示没问题，但她的年薪要减少两万美元，这也是她调换工作地点会带来的成本。"我很感谢老板让我继续留任，所以接受了公司提出的要求，尽管我觉得这个要求太过分了。"她说。但搬完家后，她留意了一下自己的工作量，发现工作内容大幅增加。于是她又回头找到那位 CEO，指出他在降薪两万美元后还把她的工作量翻番了。"我们好好地谈了谈。"她说。

纽约州作者经纪人希瑟 10 多年前也有过类似的经历。当时她还没有担任经纪人，只是一个图书编辑。但她是一位出色的编辑，经手的书籍常年在《纽约时报》畅销书排行榜上占据两三个位置。当时的她有两个孩子，一个一岁，一个五岁。她希望每周五都能在家办公。部门领导人也是位女性，同意了她每周只上四天班，但工资相应地要减少 20%。希瑟接受了这种安排，因为她认为每周工作四天意味着工作量也会相应减少。"不用说，事情根本不是这样的，"她说，"我是公司里的顶级出品人，不得不把七天的工作量压缩到四天来完成，工资还被减少了，这让我颇感愤愤不平。于是在几个月后，我直接恢复了五天工作制，工资也回到原来的水平。"

现在，15 年过去了，希瑟认为自己当初本来就应该告诉公司要怎么来安排四天工作制。"我绝对不会再那样看轻自己了。"

商业战略家莱萨·皮特森（Leisa Peterson）表示，面对这种情况，关键在于要弄明白自己在对和错，以及做和不做这些方面的种种假设，并且对这些假设进行质疑。如果出现了假设之外的情况，影响你过上满意的生活，那么就退回去分析一下其中的原因。从严格的经济角度来说，你为什么不让自己拥有这些东西或者这些事情，它们现在绝对是可能的吗？如果你做出改变，会出现什么样的情况？

理财思维小结

- 在思考希望金钱能做什么时，安全感是最基本的需求。
- 我们的情感需求不应打折或被忽视。
- 将钱花在我们最看重的事物上，这时人们的满足感最强，而这些事物是非常个性化的选择。

让女性受益一生的理财思维

WOMEN WITH MONEY The Judgment-Free Guide to Creating the Joyful,
                  Less Stressed,Purposeful（and, Yes, Rich）Life You Deserve

后续内容预告

　　为什么面对金钱时，你想要、需要、看重和害怕的东西会同其他女性不一样？因为她们和你是在不同地方或不同家庭里长大的，她们的父母和你的父母不一样，她们也有着和你不一样的经历。你与金钱的故事是你的人生之路，也是你最精彩的故事，只是你从未去细细品读过。

第 2 章

你的金钱故事决定了你的财富观

克莉丝汀的金钱故事

在父母身上，我学到的是完全不同的东西。我的妈妈是经过正规学习的注册会计师。她是个全职妈妈，非常小心谨慎，而且家里的账单都是由她来支付的。从她那里我懂得了钱一定要花在实际该用的地方，没有太多的钱让我去实现什么大梦想。我的爸爸工作就兢业业，钱也赚得多，会时不时地找个理由偷偷塞给我 20 美元。他会说："不要告诉你妈妈。"他对待钱的态度和我妈妈截然不同，更加轻松好玩。结果就是我总是觉得钱永远不够，所以我的钱也总是不够。

是什么影响着你的理财习惯

哪些事情深深地影响到了你的理财习惯？或许你会列举自己读过的书、看过的电视节目、就读的大学、成长时所住的街区等。所有这些的确会对你有所影响，但截至目前，对理财习惯影响最大的可能是你一直以来所忽视的、没有真正意识到的东西。

让女性受益一生的理财思维

WOMEN WITH MONEY The Judgment-Free Guide to Creating the Joyful,
Less Stressed,Purposeful （and, Yes, Rich） Life You Deserve

有些人称它是你的金钱故事，有些人则称它是金钱剧本（money script）。从根本上来说，它就是你的儿时经历对你关于金钱的主要记忆的影响。

金钱故事并非父母或其他抚养你长大的人教了你什么知识。它不是在你七岁时，父母特意在你的桌子上摆放了一个储蓄罐，让你开始懂得怎么管钱；它也不是你第一次去银行，银行柜员给了你一根棒棒糖；甚至它也不会是祖父母带着你去股市，让你跟着他们一起守着看沃尔玛股票的涨涨落落。这些对你来说都是在学习理财。它们也都存在于你的记忆中。你可能会向孩子们讲述这些故事，甚至是将这些做法也照搬到孩子们身上。

你的金钱故事其实发生的时间更早，大概是在三四岁的时候。你在观察，在倾听，在吸收，这个时候关于金钱的记忆已经慢慢形成。它可能是在发工资的日子、在假期、在发奖金的时候，空气中会有（或没有）些许紧张的气氛；它可能是父母中有人不太满意对方对某事的处理方式时，就会摆出脸色；它可能是屋顶板的油漆开始有了磨损的迹象，或者是屋顶板脱落，邻居们开始窃窃私语。在孩子们的心里，第一次看到他人处理事情时，通常会认为事情就应该那样处理。尽管有时候，这些记忆会发生扭转，变成了事情不应该那样处理。我们将会在后面进行探讨。

理财规划师瑞安·麦克弗森（Ryan McPherson）建议大家想想自己的爱情观。每个人的爱情观肯定同自己儿时父母的婚姻情况或相互关系密切相关，金钱观也是一样的。"小时候，你认为父母无所不知，所以父母打理金钱的方式不管对错，都会深深地影响到你对金钱的态度。"他说。但影响你的并不只有父母的理财方式，还有你在这个过程中的体验。

你的故事不仅仅和那些抚养你长大的人有关，也同你自身有关，或者说息息相关。孩子们认为整个宇宙是围绕着自己转动的，一切之所以发生，是因他们所做、所想、所说而起。想想看，那些父母离异的孩子都认为父母之所以离婚，是因为自己做了错事。在相同环境中长大的两个孩子最终可能会拥有截然不同的人生剧本。

金融顾问艾伦·罗金（Ellen Rogin）还记得曾经在一次研讨会上请与会者分享他们关于金钱最早的记忆。有位妈妈带着两个女儿一起参加，其中一个女儿说："妈妈总是会透支，所以我现在非常擅长存钱。"但另一个女儿接着说："当时我们从来不用操心钱，所以我现在也不担心钱的问题。"他们来自同一个家庭，但却拥有截然不同的态度。

也许无论身处何种环境，很可能你的父母都极少定期和你讨论钱的问题，所以你认为自己亲眼所见的就是事实，尽管眼睛看到的并不一定就是真的。

看看其他人是怎么同钱打交道就能从中有所感悟吗？就算有这种机会，可能机会也不多。投资行为与心理治疗师布拉德·克朗茨（Brad Klontz）指出："你可以去某位朋友家，观察他的父母是如何相处的。但你无法了解到这些人的管钱方式，或者他们对钱的态度。"为什么？因为他们不会在自己的孩子们面前谈论钱的问题，所以肯定也不会在你的面前表现出来。由此，你很难实时验证自己的想法是否正确。

在有了这些关于钱的重要经历之后，你是怎么做的呢？你将它们藏在记忆深处，然后以这些故事为基础来与钱打交道，从来不去质疑、挑战或探索这些故事。这些故事会被永远深埋，你甚至可能都没有意识到它们的存在。

但现在不会了。

弗吉尼亚的金钱故事

九岁时，我们家搬到了非常高档的小区居住。在原来那个小区，身边都是中产阶级或工人阶级。而搬家后，孩子们穿的、用的都换成了完全不同的品牌。我的运动鞋不对，我的背包不对。我花了一段时间才弄明白应该要什么样的。

我觉得中产阶级的那些东西影响了现在的我。如果要出席重要的工作会议，我可能会出去买套新的服装。我感觉遇到问题时我可以直接用钱来解决。

深挖你内心深处的金钱故事

就算是想过自己的金钱故事是什么，多数人也只是浮于表面。他们会回想过去，在记忆中搜寻"如果……那么……"的场景。

我父亲对钱的控制欲特别强。因此，我的余生也会非常小气。

这只是开始。是时候进行更深一步的挖掘了。首先要懂得，孩子们可以通过以下四种方式来进行学习。

1. **模仿。**孩子们会看到所发生的事情，然后照着做。当坐在购物车里时，你会看着妈妈每周查找哪个品牌的麦片打折。你发现自己也会这么做，就像你闻甜瓜的方式都与妈妈一模一样。这是典型的偷学。

2. **倾听。**他们会听到一些话，然后认为那些话都是真理。有时候，那些话的确是真理，例如"炉子很烫"。但其他时候，那些话仅仅是人们错误的想法，例如"无商不奸"。如果带着这些想法长大，就不难理解为什么你会害怕要求加薪，并为此感到愧疚。

3. **特殊的体验**。比如学校或家里令人不快的事情。或许你会记得每个月支付账单时的那场大吵。这让你长大后不愿意打理钱的事情，认为钱会带来争吵。

4. **吸收**。孩子们会吸收父母的情绪。所以或许没有争吵，没有发生令人不快的事情，但气氛紧张，怨气很重。或者完全是另一种情况，父母给孩子的是安全感和快乐。不管是哪种，你都会接受这些情绪，加以消化，并将它变成自己的一部分。

之所以说这些，是因为我们将在下面讨论一系列问题，而我希望大家不仅仅要去想别人告诉你什么，也要去思考你听到、看到、想到或感受到了什么。

我希望大家能认真地进行自省。

自省很难。之所以这么说，是因为我也不喜欢审视内心，众多投资行为与心理治疗师可以做证，我在多次治疗过程中都逃跑了。自省可能会让人感觉不安。自省会让人想要站起来离开电脑（或放下书本），清理一下冰箱，去趟干洗店，或者是（再）检查一下孩子的数学作业。但还是试试吧。

针对以下这个练习先说明两点。第一，独立完成。如果有伴侣，请他也做一份。此后，你们可以一起坐下来讨论一下彼此的答案。第二，尽管你可能想要花点时间写下自己的答案（可以写在本书的空白处，或者如果你读的是电子书，又或者你是收听有声书，那么另外准备纸和笔吧），也请先快速将所有问题过一遍。在你完成之后，我们将会再回过头来分析每个问题。但在过第一遍时，不要去进行自我审查。第一个闪过的念头很可能就是真实的感受。

让女性受益一生的理财思维

WOMEN WITH MONEY The Judgment-Free Guide to Creating the Joyful,
Less Stressed,Purposeful（and, Yes, Rich）Life You Deserve

练习3

金钱问题

在你成长的那个家庭里，大家对钱是什么态度？

_____

_____

_____

大家对花钱是怎么看的？

_____

_____

_____

大家对存钱有什么看法？

_____

_____

_____

大家怎么看待慈善捐款呢？

_____

_____

_____

你对钱最早的记忆是什么？

_____

_____

_____

关于金钱，你从母亲身上沿袭到了什么习惯？请注意：这不
是指如何结算账单的经验。

_____

_____

_____

关于金钱，你从父亲身上沿袭了什么习惯？

_____

_____

_____

你是否记得听到过父母谈论钱的问题（或者为了钱的问题而吵架）？

_____

_____

_____

长大后，你的资产和同辈人相比是更多、更少，还是相差不多？

_____

_____

_____

金钱故事对自己的影响

完成了？很好。

现在，我们要来再看一遍那些问题，只是这次速度会慢很多。看一下每个问题的答案，然后再想想下面三个后续问题：

- 它给我现在的生活带来了什么影响？
- 它给我带来了哪些帮助？
- 它给我带来了哪些伤害？

让女性受益一生的理财思维

WOMEN WITH MONEY　The Judgment-Free Guide to Creating the Joyful,
　　　　　　　　　　 Less Stressed,Purposeful （and, Yes, Rich） Life You Deserve

或许第一个问题——在你成长的那个家庭里，大家对钱是什么态度的答案是"不安"。金钱会带来不安。现在回过头来看，那正是你的感受。

那么，再来看看那三个后续问题。

它给我现在的生活带来了什么影响？ 也许你仍然感到不安。每当做出的决定涉及较大的金额时，你就会陷入死胡同。这种决定可能是计算重新装修厕所花多少钱才合适，也可能是究竟选择那个工资更高但自己不喜欢的工作，还是那个工资少但让自己更开心的工作。你的内心会感到不安和紧张。这让你很难往前迈出一步。

它给我带来了哪些帮助？ 或许金钱会让你的大脑宕机，但正好阻止了你做出一些糟糕的决定。或许你愿意让公司自动为你的 401（k）计划安排适合于你年龄的投资组合，而不是自己来选择。这种安排也取得了更好的效果。

它给我带来了哪些伤害？ 让我们再来看看那个关于选择何种工作的决定。如果你想起儿时，在父母收入较高（或者仅仅是觉得）的那几年里，家里的那种不安感逐渐减少，那么或许你会倾向于选择收入更高的工作，尽管这份工作不会让你感到那么开心。也许后果会更加简单直接。那种不安感或许意味着你会长时间地疯狂购物，因为你难以做出决定。那也是要解决的一个问题。

而这只是一个说明过去会对你产生什么影响的例子。以下是一个现实生活中的例子。

阿莉莎的金钱故事

我家人常挂在嘴边的话就是穷。我父亲是金融规划师，那是他的工作。但在我们成长的过程中，他灌输给我们的价值观就是贫穷。当我们想玩街机游戏吃豆小姐（Ms. Pac-Man）时，他就会说："你们呀，不如把钱丢沟里。"我那时总觉得我们穷得都快要靠救济了。

但父亲还有另一面。一天晚上，当我们走进一家 DQ 冰激凌店里时，每个人都走上来和我父亲说话。原来这家冰激凌店是他开的，而我压根不知道这件事情。以前我们周末都是去车库甩卖，所以我现在总是会去想什么东西才是值得的。尽管我们家情况还不错，但我总感觉要破产了。

如果你的故事也是如此，那么你脑子里冒出来的第一个念头就是花钱是一种浪费，要三思而后行。这也是你从儿时起就有的感觉，或许是因为你的钱还不够。拥有一家 DQ 冰激凌店，而且不告知家里（或者至少是孩子们），这就向孩子传递了一个矛盾的信息，即有钱是一件坏事，是可耻的，是讨厌的。你不应该谈钱，不应该去炫耀。阿莉莎成年后的生活充分证实了这一点。尽管她不缺钱，但每次购物时她都会犹豫，不知道买下东西是不是就把钱给丢沟里了。

界限并不是永远清晰明了

投资行为与心理治疗师以及一些提供心理评估服务的理财规划师会请他们的客户和来访者做类似的练习，而且他们坚持认为，过去的信息同现在的感受和行为之间界限相当分明。

如果我们的反应不是重复自己的金钱故事，而是反着来的，那么分析的难度就会加大。我们不是重复儿时所发生的一切，而是抗拒它，并反着来。有时候，我们的行为所反映出来的是此前我们没有看见的东西。例如，可能在你成长的家庭里，负责养家的父母总是时不时地就失业。你永远不知道下一份工作会是什么，但最终父母总能找到一份工作。而这种情况会对你产生什么样的影响呢？具体取决于这种不稳定性带给你的感受。对一些人来说，他们会觉得生活真是疯狂，但又相信车到山前必有路；而对其他一些人来说，生活真是太疯狂了，再也不想过那种日子。

46岁的梅利莎来自费城，离异，是一位医疗设备销售代表。从她身上，我们可以看到人们是如何努力来治愈童年的。她的父母不善于理财，最终导致家族传下来的农场被法院拍卖。

梅利莎的金钱故事

那时候还没有来电显示和电话应答机。我常常深夜要接听收账人打来的电话。有一位布莱克女士总是打电话来找我父母。尽管他们就坐在那里，但我还是只能回答说父母不在家。那就是我的记忆。我不得不成为家里负责接电话的人，因为有太多收账人打电话来，而我也不得不帮父母撒谎。

现在我有钱了，反而感到害怕。按照美国东海岸的标准来说，我的钱不算多。但我在威斯康星州长大，如果按照那里的标准来看，我赚的钱不少了。我喜欢有钱带来的种种好处，但我不想因为有钱就显得和其他地位不如我的人不一样。我在两年前买了一辆银色的日产370Z，它有着黑色的车顶。这是一款陷入中年危机的人才会买的车。我花钱购买了一辆可笑的车，我喜欢它，但开着这辆车又会让我感到尴尬。我一直很小心，不想让人看出我是个有钱人。

同床异梦的财富观

要准确挖掘出自身的金钱故事，相当复杂。如果要在公式中加上你的伴侣，复杂度更是翻番。我们常常会被他人吸引，是因为他们有着同我们迥异的金钱故事。如果金钱让你感到焦虑，那些看上去非常享受生活的人则可能会吸引你。看着那些享受生活的人，一切都显得那么美好和奇妙，你也会想成为他们中的一分子。另一方面，如果你平时大大咧咧，也许会好奇那些看上去四平八稳的人，他们考虑周到，花钱时计划性很强。我们会被其他人所吸引，是因为他们可以与我们形成互补。

这可能并非你刻意做出的选择。有很多文章探讨过情侣们在约会时应该如何讨论钱的问题（从拐弯抹角的"你的信用分是多少"到直截了当的"你对花钱和存钱有什么看法"），但我们知道多数都没有用。只要在一起相处，你就能发现对方很多理财方面的小问题。由此你或许会发现，我们和所找的对象在钱的问题上态度相反。就算不是截然不同，至少还是有些许的对立。所以，最终的结果就是双方会发生冲突。

40 多岁的里基来自亚利桑那州。她丈夫在前一段婚姻中住的是6000 平方英尺①的别墅，有一个带游泳池的院子（还有滑梯）。而她则住在一居室的公寓里。现在，他们婚后住在一个封闭式管理的小区里，房子有 3000 平方英尺。对她来说，这是相当奢华的生活了，可这种条件在她丈夫看来很是窘迫。她说：

他不会组织派对，他也不邀请朋友到家中来，因为这种后院让他觉得很丢脸。可是所有这些人都是我们的朋友，而且他们都曾经邀请过我们去他们家中做客。他们也邀请过我们去参加孩子们的圣诞活动。我对

---

① 1 平方英尺 ≈0.093 平方米。——译者注

让女性受益一生的理财思维

WOMEN WITH MONEY The Judgment-Free Guide to Creating the Joyful,
Less Stressed,Purposeful（and, Yes, Rich）Life You Deserve

他说："你一定是在开玩笑吧。"

这种冲突就比较危险了。犹他州立大学的杰弗里·迪尤（Jeffrey Dew）在研究中发现，夫妻为钱吵架的频率越高，离婚的可能性就越大。如果金钱是夫妻之间吵架最大的原因，那么双方就存在问题了。2014年，美国《金钱》（Money）杂志针对家庭收入超过五万美元的已婚夫妻进行了调查，发现夫妻因为钱而吵架的次数超过了家务分配、相处方式、性、打鼾以及晚餐吃什么等。

常见的情况就是夫妻双方花费了大量的时间和精力来试图说服对方，证明自己是对的。我们希望配偶能接纳我们笃定的信念。在这个过程中，我们开始夸大自身的思维方式。这就有点危险了。

一个温和的民主党人士爱上了一个温和的共和党人士。女方被男方财政紧缩的观念所吸引，并且很高兴对方在社会问题上和自己的立场一样。男方敬重女方不介意为社会事业投入更多的资金，也为对方的热情洋溢所折服。后来，国会开始就新的税法进行辩论，而最高法院也开始着手审理一起堕胎案。每天吃晚饭时，男方试图让女方相信自己的想法才是正确的；每天早上刷牙时，女方则试图说服男方，希望他能发自内心地认同自己的想法。然后两人都带着一肚子火去上班，晚上睡觉时还为此气恼不已，心想："今晚还亲热吗？明天呢？还能亲热吗？"

这种日子没法过下去。我们将在第4章中进一步探讨这些问题。但现在，你要明白，不可能找到在金钱问题上的经历和态度与你完全匹配的人。每个人的过去和他的金钱故事都是独一无二的。这是好事，你要学会树立这种心态。"这就像是分散投资，"投资行为与心理治疗师阿曼达·克雷曼（Amanda Clayman）说，"你们组成一个家庭，形成投资组合，从而拥有了更多样的技能。"而且就像是夫妻政见不同，婚姻也可以很幸福一样，当你理解对方的信仰，懂得对方每天遇到事情会如何理解和反应时，你就可以缓和一下自己的态度。众所周知，民主党政治战略家詹姆斯·卡维尔（James Carville）的妻子是共和党政治战略家玛丽·马塔林（Mary Matalin），两人相伴走过了 20 多个年头。"笨蛋！问题就出在经济！"这句名言正是出自詹姆斯之口。他曾经写道："我更愿意享受幸福的婚姻生活，我才不要和妻子为了政治问题而吵架。"

我命由我定

另外你还要明白，童年的经历并不能完全决定你在理财方面的命运。知道自己的金钱故事是什么，懂得它是如何影响你的日常生活的，此后你就可以开始对它进行质疑。你可以决定再也不要过同样的生活，有同样的感受了。当然，这种改变不像拨弄一下开关那么简单。

你无法撤销过去的程序指令。"你不可能希望这部分历史消失，"克雷曼说，"你无法撤回。就算你对这段历史有所了解，也无法让它神奇地消失。"你要做的是以积极的方式重新编程。为此你需要好好整理自己的思路。你为什么想要更多的钱？你为什么想要变得富有？为什么想进行投资？为什么想存钱？你想避免什么样的情况发生？深入了解自己的动机，这将帮助你确定自己追求的生活是否合适。或者就像真人秀节目《钻石单身汉》（The Bachelorette）中一再强调的，你这样做有道理吗？这样你就可以努力去改变自身的理财方式了。

例如，在成长过程中，你同 DQ 冰激凌店老板的女儿阿莉莎一样，认为花钱是一件坏事，是一种浪费，因而现在不敢花钱。你或许想拿出一笔合理的钱用在特定的开支上。如果你舍不得给自己花钱（相比把钱花在孩子或配偶身上而言），那么预留一笔钱，专门用于你想做的事情。

让女性受益一生的理财思维

WOMEN WITH MONEY The Judgment-Free Guide to Creating the Joyful,
                         Less Stressed,Purposeful（and, Yes, Rich）Life You Deserve

这种方法对阿莉莎来说很有用。"你开始慢慢地消除金钱记忆对你的影响，就像是你在其他领域学习新知识一样，"她说，"这是一种技能。"

原生家庭塑造了你与金钱打交道的方式

所有这些为的是回顾过去，把所有这些事情串起来，你可以找到前后关联。但我发现，他人的案例有时候也能帮上忙。所以我们请投资行为与心理治疗师阿曼达·克雷曼和埃里克·达曼（Eric Dammann）提供部分最典型的金钱故事，分析这些金钱故事如何影响人们的日常行为，以及如何来应对。或许这些能对你有所推动。

⌇

目前的行为：你在家里必须管钱。你在理财计划或家庭预算的分配上不愿向配偶妥协。

可能的根源所在：小时候，父母中有人曾将你手中的钱拿走，或者曾经出现过其他背叛或丢钱的事情，让你很难信任他人，并和他人共同管钱。或者是家里曾经有人非常专横，管着家里所有的钱，这也导致你将钱和权力联系在了一起。

可以采取的步骤：争取留一小块安全空间，让生命中重要的另一半来管理那些钱。或者是让他连续几个月负责支付某项开支，或者是让他去管理一部分预算。如果一切进展顺利，也许能缓和你的紧张情绪，让你在钱的问题上逐步放权，和配偶共同打理。

⌇

目前的行为：你做了预算，但最终总是严重超支。

可能的根源所在：儿时，父母不会满足你的需求，或者不会让你花钱去购买自己想要的东西。所以现在，你很喜欢在自己身上花钱，为的就是证实"我也是个人，我值得这样"。否定你，就像是在否定你也是个人。

可以采取的步骤：想想还有什么办法可以满足自己的需求，有什么其他方法能照顾到自己的想法。你可以增加锻炼，重拾过去的某项爱好，或者是尝试冥想。有各种各样的方法能帮助你小小放纵一下自己。坚持自己作为一个人应有的权力并不一定要靠花钱。

～

目前的行为：你不敢看自己的 401（k）计划，或者不敢针对该计划做任何决定。处理 401（k）计划会让你感到紧张不安。

可能的根源所在：父母控制了所有的钱，从来不会让你管钱，所以你感觉自己现在也不懂得怎么管钱。

可以采取的步骤：这从根本上来说是金钱恐惧症，你可以像婴儿学走路一样来解决这个问题。例如，你可以先试着读读自己的 401（k）报表，或者是登录自己的 401（k）账户。定期咨询理财规划师或投资行为与心理治疗师，请他们帮助你为账户做决定。必要的话，可以慢慢来。你对处理每个步骤的方法了解越多，继续前行的信心也就越充足。

～

目前的行为：钱让你感到极度焦虑，尽管你的银行存款已经达到了 50 万美元。

让女性受益一生的理财思维

WOMEN WITH MONEY The Judgment-Free Guide to Creating the Joyful,
　　　　　　　　　　Less Stressed,Purposeful （and, Yes, Rich） Life You Deserve

可能的根源所在：儿时，家里人总是担心钱的问题，或者家里曾经因为钱发生过令人不快的事情，给你造成了创伤，例如父母失业。这些事让现在的你因为钱感到紧张不安，一直苦苦挣扎。

可以采取的步骤：告诉自己，焦虑来自父母、家人或儿时经历，而不是当前的生活。你不一定会重复他人的错误。例如，如果父母在钱的方面的压力来自债务，那么试着让自己不要背负债务（或者逐步消除债务）。如果焦虑来自失业，那么留适当的钱作为自己的应急资金。进一步提高自己的经济能力，告诉自己目前的财务状况比过去好，由此你才能更加放松。坚持写感恩日记。每天记录自己心存感激的三件事情。每周结束时，回头去看看自己每天的记录。你将慢慢发现身边和生活中那些美好的事情。

改写自己的财富观

所有这些努力值得吗？绝对值得。

丽莎的金钱故事

我的妈妈是老师，爸爸是工程师，所以我们家绝对不会穷。但我常常听到爸妈说："钱难道是树上凭空长出来的吗？""我们没那么多钱。"我来自美国中西部，有时候觉得那里的人都认为钱是邪恶的。慢慢长大后，我意识到自己也受到了那些话的影响，但我也明白，我成年后并不一定要那样去对待自己的孩子。

丈夫和我都认为只要努力工作，提升自我，就可以应对钱的问题。

我发现只要提升自己的技能，不管是我丈夫的收入还是我的收入都可以做到无限增长。我希望能不断挑战自我，并在这个过程中收入越来越高。我是一个有信仰的人。儿时我常常去教会，也听到过"有钱就不是合格的基督徒"这种话。我的确认真思考过这个问题，并且也有自己的领悟。我明白，想要大手笔地进行捐赠，就必须先赚到大量的钱。于是我认定，有钱并不是坏事。

现在我们再回过头来看看克莉丝汀的金钱故事。你在本章开篇曾经读到过她的故事。在过去几年里，她也竭力去挖掘自己的金钱故事，想要做出改变，改善自己和丈夫日常与钱打交道的方式。她说，他们几乎每天都会谈论钱的事情。下面就是她现在的情况。

克莉丝汀的金钱故事后续

在过去几年里，我和丈夫取得了很大的进步，学会了怎么讨论钱的问题，怎么一起打理钱。我在一定程度上不再认为收入高低体现了我个人的价值和重要性。在过去，当某个月收入较高的时候，我会觉得人生非常完美。而某个月收入较低的时候，我会感觉自己毫无用处。

过去，工作给了我很大的压力，因为我把工作和我自身紧紧地联系在一起，工作等同自我。但现在，我觉得工作只是身外物。你怎么看待金钱，这在于你的选择。我的确深信这一点。这个过程并不简单，也不是一蹴而就的。但它是我最宝贵的经验，也是我最深刻的感悟。你要选择金钱给你的感觉，选择怎么样来处理你的钱。说到主宰自己的钱和主宰自己的生活……我发现这两者是相互交织的。

让女性受益一生的理财思维

WOMEN WITH MONEY The Judgment-Free Guide to Creating the Joyful,
Less Stressed,Purposeful（and, Yes, Rich）Life You Deserve

理财思维小结

- 每个人都有自己的金钱故事。这个不是别人告诉你或读给你听的。你已经将这个故事吸收，变成了内在的一部分，需要花费一点功夫才能挖掘出来。
- 你的行为也许完全沿袭了那个金钱故事，也许完全相悖。
- 你在寻找伴侣时或许希望对方有着类似或截然不同的金钱故事，但请明白，他们的故事决定了你未来的幸福（和理智）。
- 付出努力，你就可以改写自己的故事，过上自己想要的生活。

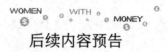

后续内容预告

金钱或许会影响我们的情绪，导致我们做出没有意义的决定或反应。你必须了解自己的金钱故事，你也必须懂得自己面对金钱时的情绪倾向，从而创造理想的生活和未来。

第 3 章

为什么金钱总让人抓狂

经济萧条期间，我非常善于存钱。我在一家报社工作，存了大概六万美元，那是个惊人的数字。但到了 2010 年年底，我与男朋友分手了。当时情况相当糟糕，我的情绪彻底崩溃了。我拿着自己存的钱到处乱花，钱就像融化的冰激凌一样被随便乱丢。我甚至不知道自己花钱干了什么。和朋友喝酒，因前男友曾经说过我的衣品太差而把衣柜里的衣服全部换掉。花钱时感觉就像是在玩大富翁游戏，钱都不是真的。

最近有一段时间我失业了。我开始整理自己的柜子。打开柜子时，我都想作呕，因为那些东西根本就不适合我。我宁愿拿着那些钱去帮助他人，去捐给慈善机构，或者去旅游。此外，看到四处乱七八糟的样子，我更焦虑了。这件事刺激到了我，我受够了，我不需要三条看上去完全一模一样的粉色裙子。闺蜜告诉我，生活中的任何教训都是要付出代价的。这件事情带给我的焦虑和恐惧已经足以激励我开始存钱了。

卡门

30 多岁，传播领域从业人员，来自新泽西州

2017 年 10 月 9 日，芝加哥大学商学院（University of Chicago Booth School of Business）教授、经济学家理查德·泰勒（Richard Thaler）荣获诺贝尔经济学奖。如果你看过电影《大空头》(*The Big*

Short），或者是喜欢看畅销书排行榜，那么你应该熟悉他的名字。在电影《大空头》中，他在牌桌上就坐在赛琳娜·戈麦斯（Selena Gomez）的旁边。他所著的《助推》（*Nudge*）一书 2008 年曾经在畅销书榜单上盘踞过一段时间。之所以将诺贝尔经济学奖颁给泰勒，是为了表彰他的研究成果。他的研究显示，在针对钱（和生活）进行决策时，人类都是不理性的。他也解释了个中缘由。我们会做一些没有意义的事情，一些不符合逻辑的事情，一些并不会给我们带来最大利益的事情。有些是小事，比如外面下着倾盆大雨，可我们就是不愿意花钱买把伞；有些是大事，比如不愿意多存钱为退休做准备。这些事情会不断地发生。

泰勒、丹尼尔·卡尼曼（Daniel Kahneman）和阿莫斯·特沃斯基（Amos Tversky）的研究给我们带来了行为经济学这个新学科。投资百科（Investopedia）对行为经济学的定义是"从心理学角度研究个人和机构的经济决策过程"。从学术角度来说，这个定义完全没问题。我更愿意认为行为经济学是"研究聪明的人为什么会在钱的问题上犯傻"。

有一部分是生物学原因。同山顶洞人祖先们差不多，生理构造决定了我们更多地关注当下，而不是未来。我们仍然更喜欢马上得到满足，不愿意花时间等待。如果要等待多年，我们甚至都无法知道未来究竟会怎么样，那么也就更加不愿意去等待了。研究人员曾利用核磁共振成像技术来分析人们就钱的问题做出选择时大脑的活动情况。研究人员先弄清楚被调查者想要什么物品，然后让这些物品的图像在他们面前闪过，再绘制他们大脑的活动情况。研究发现，当想要的物品出现在视线中时，大脑中的快乐中枢就会变得活跃。当我们真正获得奖励，大脑的多巴胺就会突然激增。想象一下购物／奖励场景，比如抢购到打折的东西时，你会感到非常兴奋。问题在于，如果让人们等待一段时间才能得到奖励，那么大脑的反应很可能是完全不一样的。要想大脑内产生同样的反应，通常那份奖励必须大很多很多。而且事情如果是在遥远的未来（例如告诉我们存钱是为了以后退休做准备），我们的大脑同样不会因此变得活跃。

生物构造帮不上忙，那么情绪（即我们对这些决定、选择、问题和事件的感受）就站了出来，简直是招招致命。

当你出门旅游离家 500 英里[①]，**却发现把熨斗落在了家里，这时你的情绪就像空气湿度达到 90% 那样难受。如果可以，你肯定想避免那种事情发生，但事情就这样发生了，你别无他法，只能想办法解决。**

为什么会这样？这在很大程度上也是因为生理构造。我们是人，而人都是情绪化的生物。正如上一章所讨论的，我们不仅会感受到当下发生的事情，同时还会用过去的经历来层层过滤那些感受。

重点不在于情绪不好，而是情绪可能会影响我们的判断。琳达·亨曼（Linda Henman）博士指出，情绪化的时候，我们会更加关心自己的感受，不在乎自己到底想的是什么。她是在压力下进行决策方面的专家。"逻辑让我们去思考，但情绪促使我们采取行动。在做出决定时，我们认为自己的选择能带来改善，尽管并没有事实依据支持这一点。"

当问题没有答案，情绪将成为主宰

金钱会让人如此情绪化，其中的一个原因就在于涉及金钱的问题可以被清楚划分为两类。有一类问题可以找到正确的答案：

- 什么返利信用卡最好？

---

① 1 英里 ≈1.609 千米。——译者注

让女性受益一生的理财思维

WOMEN WITH MONEY The Judgment-Free Guide to Creating the Joyful,
Less Stressed,Purposeful（and, Yes, Rich）Life You Deserve

- 有线电视还有更大的优惠吗？
- 买车和租车哪个更便宜？

还有大量金融问题却没有正确的答案：

- 我的养老金怎么投资最好？
- 明年股市会涨还是会跌？
- 我能活多久？

碰到这种问题，有可能所有事情都做得一丝不差，但最终却没能取得理想的结果。原因就在于生活这个未知因素。它迫使我们面对种种意外，例如失业、战争、疾病和洪灾等。在写下这些词语时，我的心跳都在加快。就算现在没有发生这些事情，我都会为之激动。由此可见，不确定的事情会有多么强大的影响。它让我们产生恐惧。结果的变数越大，焦虑也就越强烈。焦虑越强烈，我们也就会变得越不理性。

当然，并非所有人的情绪都在同一个维度。有些人非常害怕不确定性和模棱两可，有些人则能对事情区别对待，对有些事情会担心，但在其他问题上却不会因为结果存在变数而感到烦恼。还有些人觉得不确定性非常有趣，甚至觉得不确定性相当刺激。你知道这些人都是谁吗？他们都是人类。

心理学家马吉·贝克（Maggie Baker）表示，归根结底不确定性不是好事："不确定性放大了人们的冲动性和冒险性，而且通常结果并不是很好。"

期望与现实的差距导致的挫败感

当然，并非只有不确定性才会导致人们情绪爆发，个人期望也同样会有所影响。

大学毕业前一夜，我和朋友凯文（Kevin）坐在费城西部联排别墅的门廊上醉醺醺地聊了很久。聊的无非就是"你觉得你 5 年 /10 年 /20 年时会在哪里"这类话题。我还记得自己很详细地把整个人生规划摆了出来：25 岁订婚，26 岁结婚，30 岁之前生第一个小孩，35 岁时管理一家杂志。他摇了摇头。"你怎么知道自己就能做到呢？"他问道。"我就是知道。"我回答说。灌了一肚子霞多丽酒后，我莫名地自信满满。

当这些期望值与现实（对我而言，就是离婚，以及报章杂志业的巨变）存在偏差时，我就会产生挫败感，那么麻烦也就来了。是的，挫败感。

解决这个问题的关键不是要压抑自己的情绪，而是要去了解自己内心的感受。心理学家解释说，这是指对自身要有一定的认知。先要弄明白自己在干什么（比如追踪自己的开销或记录自己的饮食），然后才能改变自身的行为。同样的道理，你要弄清楚自己的情绪是什么，为什么会有这些情绪，这样你才能去控制情绪。

别让情绪替你做财务决定

30 多岁的市场分析员朱莉来自巴尔的摩，拥有 MBA 学历。从朱莉的工作可以看出，她在工作和生活中都非常有条理性。她对自己的金钱进行了细致的规划，到该支付买车款项的那天，她的 MBA 贷款正好到账。今年，她和未婚夫买了一栋房子，而之前那些完美的计划都被抛到了脑后。"这是我人生第一次背负上这么多的贷款，"朱莉说，"我天天会去 Credit Karma 网站查看自己的信用报告，每次都觉得心跳加速。"

让女性受益一生的理财思维

WOMEN WITH MONEY The Judgment-Free Guide to Creating the Joyful,
　　　　　　　　　　Less Stressed,Purposeful（and, Yes, Rich）Life You Deserve

　　尽管次次心跳加速，但幸运的是，朱莉充分了解她的情绪是什么，以及导致这种情绪的原因是什么。我们许多人无法弄清楚这两个问题。要弄明白那些情绪以及它们一般会带来什么样的反应，需要大量的练习。事实上，要在被弄得晕头转向时做出正确的选择，这不仅仅需要练习，还需要一定的洞察力。

　　好消息就是，大家早已能冷静应对生活中的其他问题。想想看，在同伴侣争吵时，甚至是与闺蜜进行激烈的讨论时，你心里的种种郁结。当你怒火中烧（因为她又迟到了10分钟，或者因为你叫了100遍他也没有把碗放到洗碗机里）时，口不择言的可能性非常大。你会想说："你从来不听我说过什么。你明明知道那种行为多让人恼火。"或者甚至是"我受够了"。

　　但你不会那样做。

　　为什么？因为你清楚，说过的话无法再收回。你在那一刻的目的不是想让彼此的关系出现永久性的裂痕。你的确爱你的伴侣，或者你真的、真的爱自己的闺蜜。你的目的不是说因为他们做的事情冒犯了你，或者是让你感到不被尊重，所以你要暂时伤害他们。你不会想到这一点。

　　秘密就在这里。当某种行为或某个决定不能带来明显的好处时，你的决策依据并非实际情况，而是自身的情绪。

　　我们应该明白，某一刻发生的事情事实上并不一定就会直接影响你当时的情绪。你的情绪可能会有所延迟，有时候是延迟几个小时，但有时候会是数年。

　　如果某天的工作状态非常糟糕，或者是所有朋友都被邀请参加聚会却单单把你给漏了，又或者是你在停车场花了足足35分钟才找到车，那时候我们还可以控制住自己的情绪，我们会努力保持自己得体的形象。回家后，打开信用卡账单，看到配偶花了 250 美元买了张音乐会的门票（顺便提一下，他是打算和朋友一起去听音乐会，而不是和你一起），这时我们的情绪就会失控。我们并不是完全因为配偶的行为而抓狂，毕竟此前发生的那么多事情与他无关。我们只是需要释放自己的情绪，而同金钱相关的事情常常就成为压力的释放阀门。

在另一些情况下，我们的情绪也同金钱故事密切相关，而那些事情都发生在过去。那些金钱故事通常成了我们人生中的爆发点。如果你过去曾经在金钱方面出过错，当看到自己又重蹈覆辙时，那么是时候进行反省了，查找一再犯错的原因。一旦挨批，你就会去商场准备大肆刷卡购物，或者会去冰箱找冰激凌吃。这时你必须意识到，在挨批后我就会乱花钱，或者会大吃特吃。那么回想一下你过去的经历，从中找出原因。你是否看到母亲在被父亲批评后就去购物（或者吃东西）？这样过后她是否就会感觉好一点？

创业教练凯伦·索撒尔·瓦茨（Karen Southall Watts）指出，面对情绪和金钱故事的双重夹击，甚至连那些精于理财的成功女士都会举手投降。"你的内心会有一个来自儿时的声音在说，妈妈为了给家里的其他人买东西，而放弃了自己的新裙子。或者是闺蜜为了让男朋友去玩滑翔运动，推迟了假期计划。"现在是时候来控制这个噪音了。

提防群体思维

在探讨如何管理情绪之前，我们先来说说另一件事情。金钱与我们的生存密切相关，吃穿住行都要花钱。可是不同于其他资源，金钱还同我们的社会地位和自我价值相关。金钱在很大程度上决定了我们在

让女性受益一生的理财思维

WOMEN WITH MONEY The Judgment-Free Guide to Creating the Joyful,
Less Stressed, Purposeful（and, Yes, Rich）Life You Deserve

社会中的地位，也决定了我们的同伴是谁，我们想和谁一起交往，谁又想和我们一起交往。"不管你的财富水平是否能匹配你的目标社交群体，该目标社交群体将会给你的情绪带来极大的影响。"行为经济学家莎拉·纽科姆解释说。换而言之，生活就是在玩一场无休无止的《幸存者》（Survivor）游戏。当我们被迫离开小岛时，情绪会非常激烈。

要知道，我们同那些居住在山洞里的先辈们一样，都是群体性生物。如果整个部落打包行李离开，唯独我们被落下，那我们就只有死路一条。除非我们是火星上的马特·达蒙（Matt Damon），或者我们是生物学家，懂得怎么使用农家肥来种植土豆，等着杰西卡·查斯坦（Jessica Chastain）回来救我们。我们都十分害怕死亡。

这些就可以很好地解释为什么讨厌的群体思维会导致低质量的经济决策了。这不是说因为其他人都有喇叭牛仔裤或不怎么舒适的现代沙发，所以你也花了很多钱购买这类东西。在每次出现市场泡沫和泡沫破碎时都会出现这种群体思维。心理学家布拉德·克朗茨说："让我们那样做的不是贪婪，而是害怕不合群。"

这种现象会导致恶性循环。在担心自己的财务状况出现问题时，我们也会担心自己的社会地位和人际关系会因此受到影响。换而言之，经济压力会带来生存压力，由此带来健康问题。而当健康出现问题时，就要花很多的钱，那么经济问题就会加剧，于是整个人会陷入糟糕的恶性循环中。

不过事情并不一定非要这样发展。让我们先制订一个计划，弄清楚我们当前的情况、情绪，以及这些情绪会带来什么行为。我们或许没办法完全解决这个烂摊子，但可以朝那个方向一步一步努力。

叫停情绪过山车

第一步：查找自己的情绪爆发点

要阻止情绪破坏你的经济状况，第一步就是要找到这些情绪。你生气吗？害怕吗？内疚吗？厌烦吗？

是的，厌烦并不是一种真正的情绪。厌烦只是一种感受。就像脾气暴躁也只是一种心情。因为它们都可以影响到我们与钱打交道，所以我们将它们都归纳为情绪爆发点。懂得这三种之间的差异可能会更好。

情绪是大脑和身体在面对当时发生的事情时做出的直接反应。情绪的产生所需的时间不到一秒，多数人都是类似的。情绪会带来感受，也就是心理和身体的反应。感受则会因人而异，因为它们会受到个人经历和体验的影响。情绪会稍纵即逝，但感受会持续较长的时间，不过其持续的时间比不过心情。**心情**源于情绪和感受之外的因素，包括天气、光线、健康程度和睡眠情况等。心情会持续几个小时，甚至是数天。

女性为什么比男性更容易受到情绪、感受和心情的影响呢？这方面的研究得出了各种各样的结论。不管怎样，在涉及一些负面的情况，尤其是和金钱相关的负面情况时，女性的确更容易受到情绪、感受和心情的影响。以下是一些常见的情绪爆发点，以及它们对金钱问题的影响。

愤怒：会让我们更乐观，相比平常更愿意冒险。

焦虑：会让我们紧张接下来到底会发生什么，这个时间或长或短。它会导致我们过于节约，过于保守，不能享受日常的生活。

恐惧：会让我们因为担心活命问题而决定要逃跑还是战斗。它会导致你在市场调整期间逃离市场，尽管你有充足的时间来平安度过风暴。

渴望：深深向往某样东西可能会导致你过度花费，超出自身的承受能力。

尴尬：会让我们恨不得地上有条缝能钻进去，最好还是很深的缝。要求加薪，或者是团体聚餐刚刚开始时就要求打折，这些情况带来的尴尬会导致我们一时手足无措，不能很好地保护和改善自身的经济状况。

内疚：因为做了伤害他人的事情而感到自责，或者是因为自己获胜、对方失败而自责。内疚会导致我们为了弥补而在对方身上投入过多。

幸福：同愤怒一样，幸福会让我们相比其他情况而言更愿意冒险，因为幸福感会让我们更为乐观，更有信心。

嫉妒：当你想要他人所拥有的东西时，就会产生嫉妒心。嫉妒会让你在购物时不考虑承受能力，从而使自己的债务越背越多。

后悔：后悔与羞愧如影随形。因为过去的糟糕决定而懊悔，这会阻碍你现在的行为。如果你后悔自己没有早点开始储蓄，也会因为觉得为时已晚，而迟迟没有行动。

伤心：感觉很空虚，就像自己的心里有块地方空荡荡的。我们常常通过购物来填补那种空虚。

你希望能弄明白自身的感受和行为之间存在什么关系。那么最好从伤心和愤怒着手，因为这两种感受非常明晰，而且与特定的行为之间有着明确的关联。还记得你最近几次感到伤心或愤怒是什么时候吗？在伤心或愤怒时，你是怎么做的？现在，暂时不管这个问题。最近几次你因为金钱而情绪爆发是什么时候？当时发生了什么事情导致你情绪爆发？有时候可以找其他人来帮助你进行回忆，比如说朋友或配偶。他们也许能做到旁观者清。

我和丈夫最近一次因为钱的问题吵得比较厉害的事情就是个好例子。为了能更清楚地说明问题，先解释一下，我和丈夫都是二婚。尽管我们有一个联名账户，但其他钱都是各管各的。不管怎样，丈夫比我年长八岁，20 年后就可以退休了。那天，他随口说了几句，说他存了不少钱，就算未来四年里没有收入，我们的日子也能过下去。他不需要动用养老金，也不需要我来支援。

结果我陷到这个问题里走不出来了。不过不是马上就这样，而是一点点地陷进去的。我开始计算生活费要多少，我花了多少钱，他又花了多少钱，他的储蓄如何不像他自己所想的那样够花，他又如何应该去找个理财顾问咨询一下。整个事情在这里开始发酵。我要说的是，我开始丢人地大喊大叫。

第二天等他回家，我心里还是感到难受，但我准备让这件事情就这样算了。也就在这个时候，他告诉我，这场吵架根本与钱无关。我们俩吵的是独立性的问题，尤其是我的独立性。我辛勤地工作，我也喜欢工作。我不愿意任何人来质疑我的努力。他认为如果他不上班，我会担心他希望和我一起出去吃饭或者是下午去看场电影，而这些事情会影响我的工作。所以我催促他继续工作，继续赚钱，这样我才能继续工作。

对于他这个政治学学士来说，分析得相当不错。

遗憾的是，要讨论钱的问题比想象中难。富国银行集团（Wells Fargo）2014 年的调查显示，44% 的美国人认为，讨论钱的问题要比讨论政治、宗教，甚至是死亡的难度大。不管怎样，试试吧。如果你无法同配偶开口讨论钱的事，那么找个朋友试试看。如果还是说不出口，那么写日记吧。记录下那些情绪爆发的时候，以及你在金钱问题上的反

让女性受益一生的理财思维

WOMEN WITH MONEY The Judgment-Free Guide to Creating the Joyful,
Less Stressed,Purposeful（and, Yes, Rich）Life You Deserve

应。或许你能发现两者之间的关联。

第二步：允许自己有那些感受，但不要让它们主宰你的行动

在了解哪些情绪／感受／心情会导致你做出特定的反应后，你可以尝试解除两者之间的关联。也就是说，允许自己有这些感受，但同时要保证自己做出正确的财务决定。怎么做呢？

情绪的存在是合理的。老师和家长都告诉我们，在钱的问题上要理智，不要带任何情绪。那是不可能的。我们不能假装所有经济方面的决定都完全脱离自己的种种梦想。我们能做的就是弄清楚自己的理财计划是要实现哪些潜在的需求，然后再分析该计划是否能满足那些需求。

或许你觉得孤单，或许你有种不安全感，所以你同意周末和一群女人一起去水疗，希望拉近彼此之间的关系。你觉得水疗所花的钱超出了自己的预期，而且你实际上并不怎么喜欢按摩，但不管怎样，你还是参加了活动。问问自己：这种行为会持续进行吗？是否有方法可以让我在同她们拉近关系的同时又不花那么多钱，也不用参加自己不喜欢的活动？你意识到自己正在花钱满足自身的情绪，但其实还有其他方法来解决这个问题。这是消除情绪对行动的影响的第一步。

过去，你曾经因为那些情绪把事情弄得一团糟，但现在你必须原谅自己。不管是在钱的问题上还是在生活中，后悔是最没有用的情绪。你上周就应该打电话给朋友，但是没打，接着几天都没打，到了昨天依然没打。阻碍你亡羊补牢的就是后悔。当你因为没按时打电话而感觉非常糟糕时，后悔会让你更难以拿起电话。后悔会妨碍你找理财顾问，妨碍你进行储蓄，也会妨碍你按照自己当初所希望的方式进行理财。就像

《冰雪奇缘》（*Frozen*）里的艾莎一样，随它去吧，然后再沿着正确的方向迈步。赶紧给自己一直想碰面的理财顾问发个电子邮件。该电子邮件将让你不是只说说而已，你已经开始行动起来。

另一种管理情绪的方法（是管理，不是消除）是改变自己的思想体系。让我们以嫉妒为例。我们之所以会嫉妒，是因为其他人拥有我们所希望得到的东西，大到出色的职业发展和良好的人际关系，小到拥有一头秀发和在瑜伽课堂上能做头倒立。最好不要去进行这些比较。研究显示，不与他人比来比去的人最幸福，但那太难了。所以退而求其次，鼓励自己眼睛往下看，不要往上看。比如说和左边邻居家比较，他们家的房子很漂亮，但比你的要小一些，而且车库内只能停一辆车。不要与右边那家邻居去比较，他们家有着带护城河的城堡。只有这样去比较，你才能感到更开心。

收入也是相当重要的因素。人们对自身社会地位的理解会影响到他们的日常生活。如果你所在的小区里，大家的收入都达到了七位数，而你只有六位数，那么你会承受很多不必要的压力。30 多岁的特蕾西来自纽约州，是一名律师，也是两个孩子的妈妈。她就有着切身体会。她发现因为自己想在社会阶梯上再往上爬一步，所以也就给了自己巨大的压力。事后来看，在一个收入普通的街区买一栋简单便宜点的房子，或许是更好的选择。

第三步：减缓速度

情绪、感受和心情之间有区别，但同时也有着很大的关联。推动我们做出行动的是情绪，所以当你懂得情绪脑会让你做出重大行动后，你就可以在情绪和行动之间插入些许时间。事实上，在这段时间里，情绪将会慢慢地平息下来，通常不会再引发任何行动。

如果你大吵了一架（就像此前我和我丈夫那样），自然会怒火中烧，需要发泄一下，由此你来到电脑旁，开始在购物网站上肆意挥霍。这时我的建议就是，先把所有想买的东西都放在购物车内，不要急着下单。也许触发因素和带来的结果是另外一种情况。或许是股市一天跌了2000点，你想要清仓。想想看，清仓需要哪些步骤，然后不要马上动手操作。不管这些步骤是什么，等第二天再说。给你自己整整24个小时，让自己的情绪得到缓解。在购物时，我们称这个时间为购物暂停时间。第二天早晨，购物车里的东西依然还在，股市也会仍然开市。

从根本上来说，你这是在修订自身的行为。在激动、生气、沮丧或过度情绪化的时候，人们会容易对自己做的事情变得过于自信，忘记那些事情其实对自己并无好处。当你给自己时间进行思考时，也就会发现那些事情的不尽如人意之处了。

第四步：夺回情绪的控制权

紧张是什么感觉？心跳加快，肾上腺素激增，饥饿感消失，掌心微微冒汗。

激动是什么感觉？心跳加快，肾上腺素激增，饥饿感消失，掌心微微冒汗。

显然，激动明显好过紧张。哈佛商学院的艾莉森·伍德·布鲁克斯（Alison Wood Brooks）研究发现，你可以选择自己的感觉。告诉自己："我不紧张（或不焦虑，如果这种感受对你来说更合适），我只是激动。"通过一些心理暗示的练习，或许真能让你变得激动，而不是紧张。

在你感到紧张或焦虑时，他人常常会告诉你保持冷静，而我的建议截然不同。保持冷静很难，因为这与你当前的感受完全是对立的。可是要从紧张变为激动就容易得多。激动和紧张是类似的情绪，只是前者更让人开心。而且布鲁克斯的研究显示，这种想法的改变可以让你不再反复思考所有可能导致的坏结果，转而把注意力放在所有可能往正确方向发展的事情上。在她的研究中，所有做此尝试的参与者不管是在发表演说、唱卡拉 OK，还是在数学测试上，都取得了更好的表现。

另一种改变想法的形式就是要明白，我们可以利用情绪来积极地改善自身的经济状况。理财教练克莉丝汀·卢肯（Christine Luken）鼓励自己的客户进行她所称的情绪化储蓄。也就是想象一下，你存钱是为了什么，而当目标实现时又有什么样的感受。越详细越好，尤其是在情绪的描述方面。当你确信自己的钱可以用到去世时，是什么样的感受？当你还完房贷时是什么样的感受？度个长假这种短期目标也可以使用该方法，但针对长期目标的效果格外好，因为长期目标不那么明晰具体。

最后，你也可以做出行动，重新控制那些让自己感觉不可靠的事情，从而改变自己的想法。比如跟踪记录自己的财务情况就是行动之一。对明尼苏达州的人生导师卡特里娜来说，跟踪记录财务情况让她有了"一种责任感"，因为她清楚了解自己在各个时间点的经济实力。这种方法也多次帮助她解决了情绪麻烦。在卡特里娜的资产中，亚特兰大那栋独立洋房被用来出租，赚取租金。在最后一位租客退租后，卡特里娜打算将房子重新修缮一下再出租。她接到物业经理的电话，提醒她重新装修的钱会是她最初预算的三倍。最初，她不仅很恼火，而且非常焦虑不安。接着，她拿出自己的财产清单，发现自己不仅有装修的钱，而且也找到了从哪里来赚这笔钱。"我感觉自己能平静对待这件事情了。"她说。

就算追踪记录自己的财务情况不适合你，也请采取其他举措，让你知道自己在控制金钱，而不是被金钱所控制。这样就可以缓解你的情绪

让女性受益一生的理财思维

WOMEN WITH MONEY The Judgment-Free Guide to Creating the Joyful,
　　　　　　　　　　Less Stressed,Purposeful（and, Yes, Rich）Life You Deserve

波动。行为经济学家莎拉·纽科姆研究发现："不管处于哪个收入阶层，当人们认为自己掌控了自身的经济状况的时候，就会更加幸福。他们的生活中有更多积极美好的体验，即使每年的收入要比其他人少2.5万美元也无碍。"

▌理财思维小结

- 人在钱的问题上不太可能做到不带任何情绪。
- 接受自己的情绪，了解情绪可能会促使我们产生哪些行为，而不是让情绪和行为脱节。
- 你可以通过四个步骤来控制自己的情绪和行为。

WOMEN　　WITH　　MONEY

后续内容预告

挖掘自己的金钱故事，了解故事对你的影响，这样问题就已经得到部分解决。但我们在钱的问题上还必须和其他人打交道，比如配偶、兄弟姐妹、父母和朋友等。我们将会深入分析钱和情侣关系之间是如何相互影响的。

第4章

谈钱不伤感情：
如何处理情侣关系中的金钱问题

我和丈夫曾经背负债务，我觉得生活失控了，因为我不喜欢欠债的感觉。我们一次又一次将房子重新抵押贷款，我丈夫负责处理所有账单，而且在事业发展上也有点触礁。我还记得自己对父亲说："我永远无法爬出这个财务深渊了。永远！"父亲回答说："靠你自己。只有你自己才能把自己拖出那个深渊。你可以做到的。"

当时我觉得那是不可能的事。但10年过后，我现在拥有了一定的经济保障。那时我们把房子卖掉，然后用那笔钱还了5万美元的信用卡债务。我的信用卡总共欠了10万美元。我丈夫（现在已经是前夫）对我说："老天，你怎么能这样做？"因为他对钱的处理方式和我截然不同。我告诉他："我绝对不要再背任何债务了。我绝对不要每月花上25美元来避免偿还所欠的1万美元了。"可能正是这种观点导致我们两个最后分道扬镳。

安娜

50多岁，电视制片人，来自费城

金钱可能会破坏情侣关系，也可能会促进情侣关系。我不想在这里堆砌大量的统计资料。有很多数据支持该观点，能证明人们的经济生活

让女性受益一生的理财思维

WOMEN WITH MONEY The Judgment-Free Guide to Creating the Joyful,
Less Stressed,Purposeful （and, Yes, Rich） Life You Deserve

与情侣关系是密不可分的。如果你在恋爱中感到不安，金钱可能是核心问题。钱的问题越让你不安，两个人分手的可能性就越大。如果真的分了手，你可能就会感叹钱还真是导致分手的重要原因。

就算你能好好打理自己的钱，现在多了一个人，他有他自己的问题，所以事情也就发生了改变。30 多岁的萨拉在一所大学从事行政工作。她刚刚开始与男友同居。她说：

我们一起出去吃饭时，他会点上一瓶好葡萄酒，三个开胃菜。我就变得很紧张。我们开始谈起要买房，但他想的和我想的完全是两回事。我不需要 Gucci 这种奢侈品，不用开豪车。我不看重那些东西，我看重的只是在经济上有一定的保障。

有时候，配偶之间的差异会相互中和。"我一直喜欢做什么都先计划好。"30 多岁的朱莉说。她来自巴尔的摩，是一位市场分析员。"我是 A 型性格，什么时候都喜欢想在前面。我会先预想到最糟糕的情况并做好计划，这样当出现问题时不至于手足无措。"她未婚夫则完全是另一种类型。"他是一个花钱大手大脚的人，什么时候都是把享受排第一位。他努力工作，希望自己的日子能过得好一点。"在小打小闹之后，他们两个找到了一条中间道路。"他会鼓励我去花那些辛苦赚来的钱，而我也会鼓励他未雨绸缪。我收紧他的钱包，而他则帮我把钱包打开。"

可是其他时候，这种差异更多的是导致两个人水火不容，而非水乳交融，会给两个人徒增压力和麻烦。50 多岁的安吉拉来自威斯康星州，在金融服务公司担任高管。她的伴侣完全不愿意参与任何与钱相关的事情，这点让她很担心。安吉拉是家里主要的经济来源，但她希望自己的伴侣也能工作赚钱。只是每次提到这个话题，伴侣就会去忙着干别的事情，借机逃避话题。"如果我出了什么意外，"安吉拉摇着头说，"他只能干着急，啥也不会干。"来自亚利桑那州的里基则表示，每次与丈夫谈论钱的问题时，她就会崩溃："本来还是好好的，两秒钟内就会变得恐慌。"所以在她的家中，大家根本就不会聊钱的问题。"我们很少讨论这件事情，"她说，"从不讨论。"

这正是我们要避免的情况。

不要让金钱成为美好关系的终结者

在本书前三章中，我们介绍了如何了解经济自我。但要同另一个人幸福地相濡以沫，就必须花时间去了解对方。

在两个人的关系尚处于初期时，似乎并不一定要去了解对方在经济方面的故事。差异也许会让人觉得对方有魅力，怪异的行为也许看上去很可爱。他花 1500 美元把音响线接到了后面的露台上，但本来只花十分之一的钱购买一个便携式音箱就能解决问题。不过，这充分证明了他多么希望客人们在自己家里能感到舒服自在。你认为他是成熟的，而不是在乱花钱。

这是因为一切都那么美好，我们还没有涉及怎么打理钱这个问题。只是久而久之，双方头顶的光芒开始慢慢褪去。你开始不认同伴侣的一些行为，因为缺少明确的规则或准则，所以双方的关系开始变得紧张，压力和争吵也随之出现。"钱是与生存相关的核心问题，当人们觉得害怕，或者觉得吃亏上当时，他们就会采取缺乏建设性的危险方法对伴侣进行抨击。"理财训练研究所（Money Coaching Institute）创始人黛博拉·普莱斯（Deborah Price）说。这段亲密关系中的美好可能就此远去。

这些改变不是在一夜之间发生的，或许两个人会在共同生活多年之后才发现问题。来自加利福尼亚州的律师埃里卡是三个孩子的母亲，已经年过 40。她一直希望能够完全靠自己赚钱过上独立的生活。在法学院毕业后，她参加了工作，这份工作的薪水在短短几年里就增长到了六位数。她等到 31 岁才结婚。结婚后，她的收入也比丈夫的多，并且靠自己攒够了首付款，最终买了房。"我觉得很自信，也很自在。"她说。

在过去 20 年里，埃里卡没有再上班了。"我丈夫在金融行业工作，"她说，"久而久之，家里越来越多的资产都变成了由他来打理，后来所有东西都变成了他来管理。这种情况让我很烦心。但我一度工作繁忙，后来又忙着照顾孩子，所以我只能放手。现在，我已经有 15 年不管钱了，我没有信心了。而且我也怀疑自己是否能管得了钱。我能像他一样把钱管得那么好吗？"

我们与伴侣的关系通常会发展得非常迅速，令人兴奋的事情不断发生。我们订婚了……我怀孕了，是个女孩……于是，我们忘记了去讨论关系发展所带来的其他变化。再后来，我们会突然醒悟，然后奇怪："我现在怎么变成这个样子了？"

苏珊就遇到了这种情况。40 多岁的她住在加利福尼亚州，是个全职妈妈，育有两个孩子。"在你不能赚钱后，事情就变得复杂了。双方的话语权就出现了失衡，"她说，"有时候，当我丈夫觉得经济有压力时，他会去做决定，因为是他来负责出钱。而我只能否定他的决定，告诉他我们是夫妻，钱也不是他一个人的。但他的第一反应就是那是他的钱。这样太可怕了。"

苏珊以及知名哲人艾薇儿·拉维妮（Avril Lavigne）说得没错。情况的确复杂。

也正因为如此，我们不仅要懂得自己和配偶是两个不同的人，而且还要明白两个人为什么存在那么大的差异。普莱斯表示，你可能觉得自己的丈夫非常消极。如果不了解他的成长环境（例如，钱非常紧张），你就不明白现在哪些因素会导致他情绪失控，突然爆发。人们很容易认为，如果有人一谈到钱的时候就情绪失控，那此人肯定就是一个恶霸。但事实上，他可能只是非常害怕。"背景非常重要，"她说，"对夫妻而言，这点尤为重要。"

如何与另一半聊聊关于钱的那些事

如果你认为沟通就是从秘密聊起，一直聊到彼此完全透明，那么众多夫妻肯定连中间水平都达不到。有时候我们不愿意谈论钱的问题，而且也不知道怎么开口。如果不与伴侣讨论钱的问题，实质上也就是不谈论彼此的人生。正因为如此，众多财务专家都提出了"金钱约会"（money date）的概念[①]。实际上，我自己也常常提出这个建议。有些人称这是金钱聚会、金钱仪式，甚至是游戏约会。他们都想让这些谈话听起来更诱人，这样你才会去尝试。写理财书越久，我就越觉得金钱约会这个名字听起来太过荒谬。

不过，我很认同这个概念。我和丈夫就曾经约会来专门谈论钱的问题。

---

① 尽管我们讨论的是"金钱约会"，但如果你们之间的关系才刚刚开始，我觉得没必要在第一次亲吻或亲密接触之前就给对方看你的信用报告。当你开始认为对方是可以相伴一生的人选时，那么就要开始"实地测试"了，看看大家在职业发展、家庭、宗教和其他问题上有哪些共同点。这时候可以开始谈谈钱的问题了。如果你或他还在偿还助学贷款，或者对方家人希望他能进入家族企业工作，而这些事情此前都没有谈及过，那么现在就应该聊一聊。

让女性受益一生的理财思维

WOMEN WITH MONEY　The Judgment-Free Guide to Creating the Joyful,
　　　　　　　　　　Less Stressed,Purposeful（and, Yes, Rich）Life You Deserve

为什么？因为我们（主要是我）并不喜欢谈论钱的问题。是的，我
写书和发表演说讨论金钱问题，靠这个谋生，但我并不怎么喜欢和我丈
夫谈论钱的事情。所以，我也清楚，对你们来说那特别困难。这不是说
不谈也没关系。下面我将告诉大家要怎么做。

对话的方法

选择合适的时间。 很多关于钱的对话并不是真正的对话，而
是一方在气恼地冲出家门时边走边想到什么说什么。所以，请找
一个合适的时间，那时你没有什么压力。我家最合适的时间是在
周末下午，在锻炼、外出办事之后，等着同朋友一起吃晚餐之前
的那段时间。漫长的开车旅途中也可以。不要有太多让人分心的
东西。

给自己足够多的时间。 对我们而言，30 分钟通常已经足够。
TheMoneyCouple.com 网站的斯科特·帕尔默（Scott Palmer）和
宝芬妮·帕尔默（Bethany Palmer）建议留出 45 分钟。花 15 分钟
回顾一下最近的开销和储蓄情况，花 15 分钟分析即将要花钱的地
方，然后花 15 分钟来畅想一下未来。至少要花几分钟说说那些进
展顺利的事情。有时候，我们会因为负面的事情而耐心耗尽，会
忘记说："亲爱的，谢谢你花几个小时对比了 16 套不同的空调系
统，仔细研究了《消费者报告》（*Consumer Reports*），帮我们省了
5000 美元。我还是搞不明白冷凝器和压缩机之间有啥不同，但真
心谢谢你做的所有这些事情。"

倾听，并反省。 在另一半阐述观点时，认真地把他的话听进
去。想想这些话，然后重述一遍，确保自己抓住了其中的要点。

不要道歉，也不要去提出解决方法。你的任务就是让对方觉得他说的话你的确在听。这样可以给你的配偶一个机会来阐述他的想法，表达他的感受。也让对方这样来倾听你说话。

深呼吸。这些对话会让你心率加快，手心冒汗，只想站起来跑出去。深呼吸，慢慢深吸一口气，然后默数三个数，接着张嘴慢慢将气呼出。再做几遍。冥想、肯定自己、祈祷，这些都会有所帮助。

先谈生活，后谈钱。你想和这位要与你相濡以沫的人做什么？怎样才能实现那些目标呢？对话的主要目的就是让双方能够就这些问题达成共识，所以让自己尽情畅想吧。"到山上去住一个月怎么样？我们可以每天到处走走或滑滑雪，或者我们租一间带烧柴炉的民宿。"有了计划之后，你就可以开始分析计划的合理性和所需费用了。

找到适合彼此的方式

要管理情侣关系中的金钱问题，哪种方式最好？保留你的、我的和我们的账户？把一切东西都混在一起，还是将所有一切都分得清清楚楚？答案都是肯定的。银率网（Bankrate）的数据显示，77% 的美国伴侣都至少有一个共同账户。我深信答案不止一个。只要你的方式有效，那就是合适的方法。

对来自西雅图、30 多岁的克里斯蒂娜来说，清楚区分的做法最实用。她在 18 岁时遇到了自己的丈夫，两个人一直都是各管各的钱。"我看过父母为了钱的问题吵吵闹闹，我不希望自己和配偶也那样，"她说，"我的收入一直比丈夫高不少，所以我从来不想两人去吵什么'我买的

让女性受益一生的理财思维

WOMEN WITH MONEY The Judgment-Free Guide to Creating the Joyful,
Less Stressed,Purposeful（and, Yes, Rich）Life You Deserve

这个'或'他买的那个'。我不想他在钱的方面有任何不安全感。"

年过 30 的莫林是一位来自洛杉矶的媒体总监。她和未婚夫也是选择了财务独立的方式，但他们会按照日期来分摊开销。"未婚夫和我发工资的日子不是同一天，所以我会负责月初的开销，而他在发工资后就接力负责后面的开销，此后我们再平摊，"她说，"整个过程很顺畅。"

来自亚利桑那州的自由职业者里基已经迈过 40 岁的门槛了。她和丈夫会将部分钱放在一起，但并不是所有的。她有个女性朋友年龄稍长，完全放手家庭的经济大权，结果和丈夫离婚后身无分文。"那些年，她一直认为家里会有存款，他们也有保险，但房子的贷款都没有还清。这件事情让人非常痛心，"她说，"我们必须自己照顾好自己。"

30 多岁的吉娜是一位来自宾夕法尼亚州北威尔士的市场研究顾问。她和丈夫则是将所有的钱都放在了一起，因为两个人分开管钱太过复杂。"我们过去会吵架，因为不了解另一个人的情况。把所有资产都放在一起，银行账户也进行了关联，这样我们可以时刻都保持透明。"

对纽约州的弗吉尼亚来说，透明度也是保证其经济稳定的关键所在。30 多岁的弗吉尼亚是一位自由职业者，收入不稳定。"每年总有一些时候，我会非常惶恐，因为没有收入，然后下周又会一下子收到六张收入支票。"她的办法就是不断地进行沟通。她和丈夫每次拿到一笔收入后就会发电子邮件给对方。"而且我们每隔几个月就会在一起讨论一下预算问题。"她说。

还有琳赛。50 多岁的她在旧金山的一家珠宝公司担任高管。20 年前，她和丈夫相遇。当时，两个人决定双方财务独立。"因为他赚得多，所以出的钱也多。但我总是感觉'我花这些钱去修眉，和他无关。根本不用告诉他'。"他们两个一直保持着这种状态，直到第一个孩子出生。在接下来的八年半里，琳赛都是全职妈妈，没有一点收入。"我丈夫会说，'告诉我一个数字，我把钱转到你的银行账户里，就当你的工资。以前怎么样，你现在还是继续那样'。所以我就有了零用钱，听起来很复古吧？但这种方法对我们两个来说都很受用。"他们根据琳赛在当全职妈妈之前的收入来确定了这个数字，大概是每个月 2000 美元。她用这些钱来支付孩子的所有东西、自己的衣物、日常用品以及为汽车加油所需的费用，而她丈夫则负责大件的购买、还房贷、汽车开销和度假等。"我喜欢这样，因为我不用开口去要钱，而且我可以计划那笔钱要怎么样花，"她回忆说，"就算我不挣钱，我们在钱的问题上也不存在矛盾。"

大家应该在这些例子中得到一些思路。这些人的选择各不相同，不过都相当成功。你最开始选择的方式并不一定会坚持用到现在，或者不会是你最终的决定。吉娜和琳赛在多年之后改变了最初的方式，我丈夫和我也一样。我们最近一直在讨论是否要彻底改变一下。

我在前文中提到过，我们都是二婚。结婚时，他的孩子都在读大学，开销比我要高得多。现在，他的孩子都已经大学毕业了，而我的孩子才开始读大学，所以我的开销要比他高很多。最初，我们两个人的财务是独立的，只是会根据双方收入来分摊家庭开销和其他共同支出。但最终，那种方法让我感到很心烦。我不喜欢去记上一次谁付了晚餐钱，下次该轮到另一个人了。所以，我们申请了联名信用卡，开设了联名账户（用来偿还信用卡），然后使用联名信用卡和联名账户来支付其他一些家庭开销。

要想让以上种种方式发挥作用，秘密在哪里呢？自主权。琳赛说得非常好："我花这些钱去修眉，和他无关。根本不用告诉他。"没错。你开销中的大头可能是常常去吃寿司、与闺蜜们吃生日庆祝午餐，或者做

让女性受益一生的理财思维

WOMEN WITH MONEY The Judgment-Free Guide to Creating the Joyful,
Less Stressed,Purposeful（and, Yes, Rich）Life You Deserve

其他对你而言更为重要的事情，这些事情对你的另一半而言并不那么重要。对方也是类似的情况。

如果彼此能够给对方喘息的空间和花钱的自由，同时将所有账户都合并统一打理，那是非常了不起的。如果做不到，那么就对部分或所有账户独立管理，或者是建立个人秘密账户，专门用于自己的开销。这也是已婚理财顾问马洛·费尔顿（Marlow Felton）与其丈夫克里斯·费尔顿（Chris Felton）所采取的方法。以下是我们之间的对话片段。

马洛：我们是两个个体，有着完全不同的成长经历，但只有了解每个人的驱动力，我们才能作为夫妻亲密无间地携手前行。例如，我丈夫喜欢得到他人的喜爱。

克里斯：不，我没有。

马洛：是的，你的确这样。他喜欢人们喜欢他，而我喜欢人们尊重我。因为他喜欢得到大家的喜爱，所以他在酒吧里大手大脚，想请每个人都喝上一杯。

克里斯：取悦他人是我们很多问题的根源所在。我必须做那个事情，做那种装扮。我必须有那种房子、那种汽车。这是沉迷于获得他人的赞同，这对个人有着强大的影响力。过去，我正是因为这样才在经济上遇到了很多挑战。

马洛：如果不了解他的这些背景，他会让我抓狂。他会因为我对他发脾气而感到懊恼，然后就搞得乱七八糟。但我去购物之后也会将鞋子藏在车子后备厢里。我会等到他出门后再把鞋子放在鞋柜里收好，一心希望他不会看到。我觉得这很荒谬，而且长期来说，这对我们之间的关系没有帮助。我不喜欢那种感觉。

他们的解决方法就是建立他们所谓的"开心基金"，每个月将两笔同等金额的资金存入各自的账户内，由个人自由支配。对克里斯而言，有了这笔开心基金，如果他想请每个人都喝上一杯，那也没问题。但他只有一定金额的钱来请客。对马洛来说，她可以毫不犹豫地将自己的购物袋往收银台一甩，直接买单。他觉得这种方式"非常聪明"，而她也觉得这种方法是他们做过的"最重要的决定"。顺便提一下，这是马洛的点子。

我们在这里讨论的是自主权的问题。我个人支持设定开销上限。你先设想一个数字，50 美元，500 美元，5000 美元或 5 万美元，具体取决于你的经济实力和你对放权的容忍度。然后双方达成统一，任何一方的开销或投资若超出上述数字则必须先同对方进行商量。商量并不是寻求同意，也不是让你发个短信通知就了事。

接下来，坚持你们所选择的管钱方法，直到双方都认为需要改变。这一点相当重要。每年，通常是在临近情人节时（为什么要破坏一个有巧克力和鲜花的美好节日呢），我会收到至少一份关于"财务出轨"的新研究，有时候还有好几份。财务出轨是指在钱的问题上对配偶有所隐瞒。CreditCards.com 网站在 2018 年指出，有 20% 的情侣（过去或现在）拥有对方所不知晓的信用卡或银行账户。这一点没错。事实上，在当前处于恋爱关系的人中，三分之一的人认为在钱的问题上撒谎要比身体出轨更可恶。

如果你也是在钱的方面藏有秘密的人，是时候坦白交代了。这就类似于美国前总统尼克松当年的处境，隐瞒真相的后果要比真正的罪行更严重。想要拥有属于自己的钱和真正拥有自己的钱，这都是完全没有问题的。当对方发现你在钱的问题上撒谎，或者是用其他谎言来隐瞒私房钱的存在时，你都会麻烦不断，这会使双方感情受损。

想想看，如果你发现配偶瞒着你有个银行账户，你会立马想到什

么？大家最开始还会从好的一面去想问题（这是因为他想偷偷帮我准备
40 岁的生日晚宴，给我一个惊喜），然后立马就会变到坏的方面（或许
他有赌钱的习惯，而我压根不知道），再到更糟的方面（他在阿尔伯克
基另外有个老婆，还有三个孩子）。别给自己找这些麻烦。直接告诉对
方，你有这种账户，并解释清楚你为什么留着这个账户。让对方也可以
选择这样做。

在我们结束对资产管理方式的讨论之前，还有一件事情要说。在拥
有联名账户之后，你还必须拥有两个个人账户。一个是信用卡账户，你
是主卡持卡人。你需要这个账户是为了应对两件人生大事，即死亡和离
婚。如果配偶离世或者你们两个分手，而你的名下没有任何信用记录，
你会很难申请到信用卡。不要给自己找这些麻烦。

第二个账户就是养老金账户。没有养老金账户就意味着浪费了宝贵
的税收减免机会。更重要的一点在于，在自己名下持有股票、债券和其
他投资，你就有可能更有兴趣去管理资产，甚至是进行投资。

或许这个章节读下来，你一直在点头表示赞同，心想"我可以试
试看"，但或许你也会想："太好了，等明天早上起床，我就会有萨尔
玛·海耶克（Salma Hayek）一样的皮肤，有和凯斯·艾尔本（Keith
Urban）一样的老公了。"如果你有后面那种想法，或许你就要找专业人
士帮帮忙了。这也是艾希莉的决定。40 多岁的她在加利福尼亚州担任
治疗师。

我丈夫对经济和经济走势的看法相当明确。他认为一切都会迅速恶
化。我始终都听他的。我心想："就放手让他去管吧。他很聪明。"我发
现他在钱的方面也是这种坚定的态度。我不愿意在这些问题上质疑他。
是的，我忙着抚养孩子，还要读研究生，但那些都只是借口。最后，我

的思想开始成熟，我想要走出这种困境。它已经成了我们婚姻中的大问题。我们两个因为这些事情关系很紧张。权力在发生着变化。我觉得自己无能为力，似乎我就应该听他的。所以，我觉得自己需要找个人来帮忙和他谈谈。我聘请了一位理财／商业教练，她有点像个治疗师。她听我诉说，让我在电话里痛哭。我们每个月都会碰一次面，她帮助我去把握自己的经济和个人生活。

通过他人来帮忙解开你与伴侣之间在经济方面的结，这没什么好尴尬的，也不要因此有任何自责。如果要明确责任，那就是社会的责任。几十年来，男性被告知要保持独立，以此来赢得尊重，而女性则被告知赢得尊重的方法就是去辅助丈夫，这种文化已经根深蒂固。如果你无法自己来做，那么心理治疗师或理财顾问可以帮上大忙。

来自北卡罗来纳州的卡罗尔已经迈过 60 岁的门槛，刚刚退休。她表示，她和丈夫几年前就已经开始找理财顾问帮忙了。卡罗尔一直不喜欢讨论钱的问题，但她也不想像鸵鸟一样把头埋在沙子里面。20 多年来，她和丈夫在交流时会找理财顾问一起，基本上也就是通过理财顾问来进行交流，因此他们可以更加冷静和理性地去打理自己的资产。"他是中立的第三方，所以在钱的问题上不带任何情绪。"玛莎·斯图尔特（Martha Stewart）说过，那是一种好办法。

金钱也会让友情变得复杂

在谈论感情关系时，主要针对的是我们生命中重要的另一半，但家人的重要性也是紧跟其后的。是的，密歇根州立大学 2017 年的调查发现，在成年之后，友情能大大帮助我们提升自己的健康和幸福感，但钱也会破坏这些关系。美国银行的调查显示，近一半消费者表示，钱会导

让女性受益一生的理财思维

WOMEN WITH MONEY The Judgment-Free Guide to Creating the Joyful,
Less Stressed,Purposeful（and, Yes, Rich）Life You Deserve

致友情承受压力。这种压力不是来自彼此之间的交际，更多的是来自我们自身，以及我们面对朋友生活中出现的种种情况会做出何种反应。

当你是朋友中经济实力较差的那个时，这种情况就会出现。"当所有朋友都开始购房时，我感觉自己落在了后面，"朱莉说，"曾经每隔一天，社交媒体上就有人发帖晒房子的图，图上的房子前面放着'已售出'的标志。我开始觉得或许我也应该买房了。"

就算你是朋友中经济实力较强的那一个，这种情况也会发生。莱萨·皮特森和丈夫在30多岁时靠房地产成了百万富翁。有了钱后，他们觉得自己应该过上了成功人士的生活，所以他们修建了一栋房子。这栋房子要比当时社交圈里其他所有人的房子都大，都要豪华。在搬进那栋房子后，一切都变了。"人们开始感到不自在。"皮特森说。他现在担任理财教练（这并不是巧合）。"他们来吃晚餐时，对我们的态度也有所变化。我还记得自己当时想，'老天爷呀，我们到底干了什么呀？'我们什么都没有变，而且我认为其他人也都知道我们没有任何变化，但朋友们却渐渐远去。这真让人伤心。"最终，这对夫妻结交了新的朋友，这些新朋友都是在搬入新房子之后才认识的。不过，皮特森仍然表示："赚到那些钱后，我的生活开始变得支离破碎。"

有时候，当你觉得朋友的钱比你多或比你少，就算实际并非如此时，那种情况也会出现。理财教练埃米莉·舒特（Emily Shutt）在咨询业从业多年，后来开设了自己的咨询公司。她的收入一直很可观，但仍然赶不上朋友们买车和奢侈游的脚步。"有个朋友订购了一辆定制宝马，"舒特回忆说，"当这辆车从德国运过来时，她一直在关注着。我觉得她肯定是赚了很多钱，因为我完全买不起那款车。"车子到货几个月后，那个朋友提到非常希望当年能赚到七万美元。舒特大吃一惊。"我发现多年来，我的收入一直比她高，"她说，"只是我们两个在钱的问题上的态度截然不同。"

不要让钱的问题破坏你的友情

- **接受现实。**在选择自己的职业道路前，你就清楚知道自己的收入会沿着什么轨迹发展。你的朋友们也是一样。指责外科医生的房子比你大，这既不公平，也不明智。要知道，她们在医学院读了四年书，然后又担任八年实习医生。同样，如果你是个外科医生，偶尔请作家闺蜜吃顿饭和自以为高人一等还是有明显区别的。

- **保持开放一点的态度，日子更好过。**富达投资集团的研究显示，80% 的女性会逃避与关系亲近的人谈论钱的问题；50% 的女性表示钱是很个人化的事情；33% 的女性称谈论钱的问题会让人感到不自在。她们说得都没错。但如果你能克服这个障碍，也就能激励其他人和你一样。想想看，你的财富目标是什么？然后与最亲近的人一起分享你的想法，这样可以帮助你优雅地拒绝昂贵的集体旅游。坦诚地解释为什么拒绝，朋友们会因此接受你的决定。

- **接受"我们是一体的"的概念。**在计划或参加活动之前，积极地进行商讨，重点是要把大家作为一个群体来进行考虑。我们想去哪里？我们想花多少钱？我们是否认为这样值得？

最后，要清楚的是，不是所有友情都能走到最后，能走到最后的友情弥足珍贵。从统计数据看，女性在 25 岁之前的朋友数量是递增的，此后朋友数量会递减，但芬兰和英国的研究人员发

让女性受益一生的理财思维

WOMEN WITH MONEY The Judgment-Free Guide to Creating the Joyful,
Less Stressed,Purposeful (and, Yes, Rich) Life You Deserve

现，朋友的数量虽然减少，友情的质量却有所提高。所以，珍惜那些对你而言最重要的人吧。求同存异，关注你们的共同点，而不要盯着差异看。

理财思维小结

- 金钱对关系的破坏能力超过其他很多东西，所以我们必须找到合适的方式来处理钱的问题。
- 务必找个合适的时间和方式来谈论钱的问题。如果发现自己难以做到这点，那么就找理财顾问或治疗师来帮助你。
- 在家庭里，管钱或开设账户的方式没有唯一正确的答案。只要对你有效，那就是正确的方式。

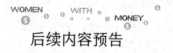

后续内容预告

现在你已经清楚了解自己（和伴侣）在金钱方面的故事和态度，这样就可以使用策略更有效地处理与钱相关的实际问题了。在下一部分中，我们将先讨论如何争取应得的收入，然后再探讨投资、创业（或者是开始副业）、购买房地产以及用钱来换取快乐。

WOMEN

WITH

MONEY

Part 2
你的金钱，你做主

The Judgment-Free Guide to Creating the Joyful,
Less Stressed,
Purposeful (and, Yes, Rich) Life You Deserve

第 5 章

为自己争取应得的收入

我的工资刚刚涨了一点，现在达到了 6.6 万美元。之前入职时是 6.4 万美元。在入职之前，他们告诉我，我的工资预算是 6 万到 7 万美元，所以我知道 7 万也是可以达到的，但我没有去强求。我觉得我的情况和其他女性差不多。我有冒名顶替综合征（imposter syndrome），一谈钱就感到不自在。

克莉丝汀

30 多岁，社交媒体经理，来自佛蒙特州

我在一家小公司工作，所以我没有像往常那样频繁去争取加薪。我大概知道公司的营收水平，也知道合作商的营收情况（有时候他们会付不出工资）。要我去要求加薪……我不知道怎么说……我不想自己显得太过贪婪，或者说我并不觉得所有人都在辛勤工作。我从全职改为了兼职，我觉得我的薪水不会再增加，但我得到了其他的福利，而且工作时间是弹性的，这些安排让我觉得还不错。对我而言，福利和工资一样重要。

艾丽莎

40 多岁，管理顾问，来自俄亥俄州

2018 年初，我与微软全国广播公司（MSNBC）的米卡·布热津斯基（Mika Brzezinski）录制了一段播客内容。米卡·布热津斯基是《早安，乔》（Morning Joe）节目的主持人之一，著有畅销书籍《工资和自身价值》（Know Your Value）。在开始录制之前，我深吸了一口气，低头瞄了一下自己的手卡。制作人凯利·赫尔特格伦（Kelly Hultgren）事先会帮我准备一些数据或观点，便于推动节目的进行。手卡上有一句话很打眼：我最近看到有头条新闻称美国女性的收入终于达到了男性收入的80%。这本应该是一个好消息。这个数字不再是 78%，或者甚至不是79%，终于成了 80%。我看着米卡说："我真受不了这条新闻。你难道不觉得它恶心吗？"她回答说："是的，我也是一样的感觉。"

我们都必须有一样的态度。这也是本章的主题。

有份工资就挺不错，工资越高越好。大家在要求我们应得的工资时会感到焦虑不安，而要克服这种焦虑，就要懂得男性和女性之间的薪资差距，明白这种差距是如何产生的，为什么现在仍然存在。同时也要了解为什么众多女性仍然会为了赚更多的钱、拥有更多的财富，以及帮助其他女性赚取更多的财富而感到不安（甚至是有负罪感）。我们必须去帮助其他女性朋友、同事，甚至是雇员。我最近给团队中的一位女性加了薪，然后一周后，她又再次得到加薪。为什么？因为她的工作值得每年再给她加薪 5000 美元。我懂得这个道理，也觉得她应该同样明白。

为什么女性的薪资总比男性少

先简单说说历史。30 多年前，女性的收入只有男性的 64%。现在，我们的收入达到了男性的 80%[①]。

对于有色人种女性而言，这个差距甚至更大。黑人女性的收入只有男性的 63%；拉美裔女性的收入只有男性的 54%；亚裔女性是例外，其收入达到了男性的 87%。为什么会有如此巨大的种族差异呢？已经有大量书籍针对这个问题展开了探讨，但我的朋友、同为金融记者和作家的斯泰西·蒂斯达尔（Stacey Tisdale）就黑人女性的工资差异给出了一个简单的解释。当时，我们正在法国当地一家小餐馆里吃着沙拉和蛋卷。

她解释说，这要从亚伯拉罕·林肯解放奴隶说起。林肯成立了弗里德曼储蓄信托公司（Freedman's Savings and Trust Company），一般被称作弗里德曼银行。成立该银行的本意在于，让黑人在被解放后有地方可以进行储蓄，学习怎么理财。不到 10 年的时间，黑人的储蓄额达到了 5700 万美元，相当于现在的 6 万亿美元。但他们从来没有看到过这笔钱。蒂斯达尔说，有些钱是投资失误亏了，有些是被盗用来修建华盛顿特区的财政部附属大楼了。这家银行倒闭了，而储户从未得到任何赔偿。尽管在 2015 年，财政部长雅各布·卢（Jacob Lew）将那栋大楼重新命名为弗里德曼银行大楼，并且称它应该"提醒所有美国人提高金融包容性"。这种例子比比皆是，弗里德曼银行事件还只是其一。20 世纪 90 年代的黑人隔离法导致了种族隔离，阻碍了黑人在教育和经济上的发展。拒绝发放贷款又导致黑人街区得不到金融服务，有力地将他们排除在住房市场之外，从而使他们失去了美国人积累财富的主要手段。这

---

① 使用不同的数据组会得出略微不同的收入差距数字。美国劳工统计局（The Bureau of Labor Statistics）的统计中不包括奖金，但人口调查局（Census Bureau）将奖金统计在内。而且一些计算是根据时薪，一些则是根据年薪，的确会让人混淆。但核心在于差距的的确存在，而且仍然很大。

让女性受益一生的理财思维

WOMEN WITH MONEY The Judgment-Free Guide to Creating the Joyful,
Less Stressed,Purposeful（and, Yes, Rich）Life You Deserve

些事情举不胜举，大同小异。其他种族和文化的人也曾经有过自己的战争和伤疤。但蒂斯达尔指出，不管是哪种情况，"你都必须在此基础之上去分析女性的情况"。

尽管速度缓慢，但这些差异是如何缩小的呢？主要是靠年轻女性的发展。这些年轻女性在教育上已经实现了与男性的平等，然后再在收入上超越他们。越来越多年轻的女性选择了那些收入较高、过去通常由男性唱主角的领域，例如编程、金融和法律。到 2012 年，在职年轻女性的收入为男性的 93%。

遗憾的是，这些差距的缩小并不是特别持久。一些女性会退出职场，或者是为了照顾小孩或家中老人，或者是为了进一步追求时间的灵活性，平衡工作和生活。于是，收入差距又再次被拉大。美国大学妇女协会（American Association of University Women）的数据显示，在 35 岁之前，女性的收入是男性的 90%，但在 35 岁之后，这个数字就跌至了 74%~82%。该协会预计，按照当前的变化速度，要到 2119 年才能实现男性和女性的收入平等。原因不仅仅是我们女性的选择，大部分原因还是在于整个社会。

- 2012 年，《美国国家科学院学报》（*Proceedings of the National Academy of Sciences*，*PNAS*）发表了一篇论文。该论文介绍称，实验人员分别使用男性和女性的名字去申请实验室经理的职位。除性别之外，申请者的其他背景和资历都相差无几。使用男性名字时，申请人从评估人员（包括男性和女性，男性居多）那里得到了更高的评价，会被认为能力更强，更适合那个岗位，得到的起薪更高，甚至也会得到更多的指导。

- 2014 年，马里兰大学（University of Maryland）的研究人员请一支学习小组从多个方面来评估两台电脑的性能。这支学习小组里女性数量多于男性。事实上，那两台电脑完全一模一样，只是一台被命名为朱莉，一台被命名为詹姆斯。当被问到大家愿意花多少钱来购买这些电脑时，学习小组给朱莉的报价要比詹姆斯低 25%。

- 2016 年，人们针对 1 万余名外科医生进行了研究。这些医生隶属于全美各地的医学院。研究对比了女性和男性医生的薪资水平。除了性别之外，对比对象在年龄、经验、职务、专业、研究能力和门诊收入等方面都是相同的。男性医生每年的收入平均高出 2 万美元。

- 2017 年，在美国经济学会（American Economic Association）的年会上，一个由女性组成的讨论小组公开了针对经济学领域性别歧视的新研究。这个沉闷的学科显然对女性而言显得更加沉闷。在最流行的经济学入门课本中，提到男性的次数是女性的四倍。当例子中提到女性时，更多的是涉及购物或清扫，而不是公司经营。

这类例子数不胜数，我也不想赘言。工资与自身潜力不匹配，这对任何人来说都不是一件好事。不管是对你、你的家庭、时刻盯着你一举一动的孩子们、身边有着类似经历的年轻女性，还是整个社会，那都不是好事。研究也表明，女性收入越高，就越可能去了解自己的经济实力，把握自身的经济情况，自信满满地采取行动。这点非常重要。不管干什么，当事情与你的利益息息相关时，你的参与度就会更高，也会更愿意为了争取想要的结果而投入更多的精力。不管是你自己在牌桌上，还是孩子在足球场上，情况都是这样的。

谁要是担心配偶会因为你的收入和他相当或比他高而生气的话，那就看看《金钱》杂志上的研究吧。该研究证明情况恰恰相反。一个家庭里如果女性的收入和男性相当或更高，配偶就会感觉更加幸福，而且双方的性生活质量也更高。事实上，《金钱》杂志称："丈夫信奉平等主义，而女性负责养家，这种婚姻关系中双方的满意度最高。"当然，只是说说而已。

让女性受益一生的理财思维

WOMEN WITH MONEY The Judgment-Free Guide to Creating the Joyful,
Less Stressed,Purposeful （and, Yes, Rich） Life You Deserve

"收入偏低"的定义

在大萧条期间，你可能听到过"就业不足"这个词语。失业是指那些想找工作的人找不到工作，而就业不足是指技能娴熟的工人从事低收入工作，以及愿意全职的工人只能兼职工作。

收入偏低也是类似的意思。它不是严格意义上的收入偏低，而是指收入低于你凭借自身能力应得的水平。这种情况会让你心怀不满。如果你从事的是社会服务工作，对自己的工资水平非常满意（工资水平在行业内具有竞争力，而不是与投行领域的工作进行对比），那么这种情况就不是收入偏低。如果你自愿过简单的生活，那也不是收入偏低。但如果你知道自己当前的工作收入可以更高（就算收入已经达到了六位数）、应该更高或者希望更高，但你并没有采取行动去补救，那么这就是收入偏低。

收入偏低的人数量众多。注册会计师比琳达·罗森布拉姆（Belinda Rosenblum）是博客"把握自身金钱"（Own Your Money）的博主。她最近针对自己的读者（多数为女性）进行了两次调查。她的问题是："你现在要解决的最大挑战是什么？"51% 的读者的答案是收入偏低。

有趣的是，收入偏低严格意义上并不仅仅指金钱。收入偏低还意味着有些事情因为钱的问题而没有能力去做，有些时间没能得到充分的利用，有些选择让人后悔，以及有些快乐体会不到。这些都让人感到痛苦。当收入偏低时，你自己也清楚这种情况，这会导致你一开始工作就觉得某个地方不对劲。每天一进入办公室，一打开店门，或者是一坐在电脑前，你就会觉得自己上当了（即使这个欺骗你的人就是你自己）。

有时候，这种感受会慢慢平息。但有时候，这种感觉会经久不息，就像偏头疼一样让你心烦意乱，时不时还会让你情绪失控。

更糟糕的是，收入偏低通常不是一次性的经历，而是一种会终生如影相随的模式。收入偏低的人有着将自己的劳动力低价出售的历史。这不仅仅是不愿意为了起薪去谈判，或者不愿意去要求加薪（尽管那的确是个问题）。如果你是员工，收入偏低是指你一直留在一个已经长时间不能满足自身发展的工作岗位上。如果你是创业者，收入偏低是指你的服务收费在最初定价太低，或者是提高收费的频次不够。最终的结果就是过多地自愿无偿服务。

克服要求加薪的负罪感和恐惧感

为了打破这种模式，我们必须先了解它。之所以会出现收入偏低，根源在于我们的内心。有时候是因为我们在工作、生活和人际关系中缺乏自信，有时候是因为我们下意识地（错误地）认为世界就是这样的。

精神领袖、作家玛丽安·威廉姆森（Marianne Williamson）有句名言："我们最怕的不是能力不足，而是我们的能力不可估量。"事实上，奥普拉接受了这句话，并且同全世界进行了分享，这也让威廉姆森的名气更大。但不管怎样，它都解释了为什么我们很多人不会去力争赚更多的钱和积累更多的财富。

正如我们在第 1 章中所探讨的，对很多人来说，钱意味着很多东西。它意味着保障、独立和自由，但它也是一种权力的体现。钱越多，在人际关系、社区、职场、生活和世界上的权力就越大，这会让人感到很不自在。当你希望自己和爱人之间的关系或者是自己在朋友与同事心

让女性受益一生的理财思维

WOMEN WITH MONEY The Judgment-Free Guide to Creating the Joyful,
Less Stressed,Purposeful（and, Yes, Rich）Life You Deserve

目中的位置不受金钱影响时，不自在感会尤甚。如果是一夜暴富，那会对现状有什么影响呢？你的配偶会憎恶这种情况吗？你的同事会认为你想把他们甩在后面吗？

"女性非常重视与他人的关系，雌性因素导致她们害怕友谊的小船翻掉，关系被破坏。"理财教练米克朗·瓦提娜（Mikelann Valterra）说，"她们害怕其他人认为'哼，她觉得自己比我们强'。"

从历史角度讲，这种恐惧是完全可以理解的。在筹备《富小姐的理财魔法书》（*Prince Charming Isn't Coming*）一书时，作家芭芭拉·史坦妮（Barbara Stanny）曾经请教过一位治疗师："为什么我们女性那么害怕她们所拥有的权力？"那位睿智的治疗师指出："有权力的女性都已经被绑在柱子上烧死了。"说得没错。即使我们不会经常想到这么极端的例子，大家还是会下意识地认为，在历史上，女性曾经因为发表演说、占据空间、成为权威以及拥有强大的影响力而受到惩罚。史坦妮指出，我们中很多人仍然觉得，更安全的做法是"潜在水下，不去兴风作浪"。

还有其他让人害怕的地方。我们可能担心如果钱赚得更多，或许就不得不放弃与家人和朋友共处的时间和去健身馆健身的时间，或许如果钱赚得更多，我们将欠缺管理这些钱的能力。我们也可能担心如果钱赚得更多，我们将会被置于舞台中央，更多的人将注意到我们，而那样也会让我们变得更加容易受到伤害。当男性在工作中把事情搞砸并因此挨批时，他会接受批评，然后一般就让这件事情过去了。而如果男性在工作中某件事情干得相当出色，被大家赞赏，他会接受赞赏，然后通常也就让这件事情过去了。但众多女性不是如此，在针对负面反馈意见时尤为如此。女性会受到很大的影响。女性会翻来覆去地想这件事情。女性认为将来会听到更多批评的声音，因为我们实际上在拼命找批评，这种想法实在让人感到害怕。

更复杂的一点在于，这些恐惧通常都是无意识的。你必须愿意进一步深挖，弄清楚哪些原因在阻碍你的脚步。可能是在写最后几段话时，恐惧突然就冒了出来。如果不是这样，那么尝试花点时间想想看，赚得多究竟为什么会让你感到困扰。记录下分析结果，便于自己记住。

要求加薪不是零和博弈

我是个戏剧迷，我在 Twitter 上的关注者和收听我播客的人都不会感到奇怪。同众多戏剧迷一样，我是杰森·罗伯特·布朗（Jason Robert Brown）的铁粉。他曾经撰写过多部音乐剧，但从来没有哪部成为主流热门剧。如果你撰写《行进》（*Parade*）这种音乐剧，讲述利奥·弗兰克（Leo Frank）被审判并被处以死刑的现实故事，那么就会成为主流热门剧。布朗最著名的作品当属《过去五年》（*The Last Five Years*），该剧在百老汇之外的剧院上演，并且在 2015 年被改编成电影，由安娜·肯德里克（Anna Kendrick）和杰瑞米·乔丹（Jeremy Jordan）担纲主演。这部音乐剧讲述的是一段失败的婚姻，原型就是布朗本人。男主人公杰米是一位落魄的作家，但他突破了现状，取得了成功。女主人公凯茜是个落魄的演员，一直郁郁不得志。音乐剧讲述了他们两个人事业和爱情的起起落落。两个人的经历一个采取倒叙，另一个采用正叙，只在剧情中间有一幕时空交错，可惜这对两人的关系于事无补。但这部音乐剧的音乐非常美妙。

我之所以搬出这个故事，是想引用其中一段歌词。这对夫妻因为杰米的成功和凯茜的失意又再次吵架了。杰米唱道："我不会输，因为你也赢不了。"这句话就是问题的关键。与众多女性一样，杰米不懂得成功并不是零和博弈。凯茜在一定程度上也是如此，她希望杰米像自己一样郁郁不得志。

我们觉得如果自己更加成功，或许其他同样值得加薪的人就会因此失去机会，甚至这个人可能还是我们熟悉的人。我知道大家有这种魔幻的想法，是因为我自己有过这种经历。得益于常常在电视上露面，我的事业有了突破。这时，好几个人告诉我，我过去的工作伙伴（我甚至曾经还把她当作闺蜜）抱怨是我"偷走了她的事业"。这件事情让我觉得难以置信，因为她对个人理财，甚至是商业新闻从来都没有兴趣，不过她也的确有上电视的愿望。但在她的心里，她之所以没有取得成功，原因就在于我抢走了原本属于她的机会。

要在钱的问题上阐述这个观点，难度有点大，因为不管怎么说，1 美元 +1 美元 =2 美元，而且公司的这块大饼加起来也就是 100%，但我还是想说说看。

让我们再回到之前我给一位女性员工涨了 5000 美元薪水的例子。我查看了公司的预计营收、公司员工的工资总额、办公室的费用（相比去年超出多少），以及公司最近发生的其他开支。算过账后，我觉得公司可以负担得起这次加薪。就算这意味着我赚的钱可能要少 5000 美元，我也觉得没关系。但我相当肯定，我也可以采用另一种方法来做到。

我们已经开始将每周的播客转为文本，便于依照播客内容来撰写文章。这项工作可以采取两种办法。一种是找专人负责转录，每年费用是 8000 美元；另一种是用机器来处理，费用只有上一种方法的一部分。机器转录的内容还需要进行整理，但用不了几个小时，只要花费几分钟的时间。我选择了机器转录。加薪的钱就来自这样做节约下来的费用吗？不完全是。但你们应该明白我的意思了。资产（包括时间）都是可替代的，我们可以选择减少开支来提高员工的收入。

那么在计算中，谁输了呢？我猜你们会说那个人类转录员输了。但在这个例子中，那种价值主张似乎并不太实用。这种商业模式存在还不超过百年。此外，我也不认识那个人。所以，我选择不会因为他 / 她而影响自己的心情。如果那位人类转录员正在阅读本书，而且非常聪明，他们会购买相应的软件，降低价格，从而提升自己的竞争力。这样，他们的业务会增长，他们也能赢。欢迎你们加入竞争。

此外，即使你的工作是帮助他人，或者是你在非营利性组织工作，这套逻辑也依然适用。与它们的名称和声誉相反，这些非营利性组织通常很赚钱。创业教练凯伦·索撒尔·瓦茨（Karen Southall Watts）在工作中曾经看到，顾问、教师和其他人认为自己从事的是一项崇高的事业，尤其痛恨去要求符合自身能力的薪酬水平。"当要上交发票或签署合同时，他们的第一反应是'我是在帮助他人'，所以会在他人要求之前就提出将费用打折。"你或许也会说："给我点纪念品当工资就行。"

我们要区分个人收入增加和社会不平等带来的负罪感。我们还必须区分整个国家存在的收入不平等（以及这个问题带来的严重的社会问题）和各种职业、公司、工作场所和领域之间的收入不平等。如果你非常希望能消除这种差异，那么更好的办法就是自己多赚点钱，然后再将部分收入捐赠给那些致力于消除收入差异的组织，或者聘请其他女性员工，并且按照她们的能力来支付工资。

解决问题

要解决这个问题，就要先有明确的目标。你必须明白自己的收入与

让女性受益一生的理财思维

WOMEN WITH MONEY The Judgment-Free Guide to Creating the Joyful,
Less Stressed,Purposeful （and, Yes, Rich） Life You Deserve

自身潜能并不匹配，而且的确希望能改变这种情况。解决问题需要几个步骤，但这是第一步，不能跳过。对部分人而言，变化让人兴奋。新工作、新公司、新关系以及其他任何新的东西都会让他们感到刺激。还有一些人自 1973 年起就只购买同样的牙膏，而这种人占了大多数。

对多数人来说，变化会让人感觉失去了控制力，会带来不确定因素。处于新环境中时，我们需要一定的时间来进入状态。而在这段时间里，你会存在某种无力感，女性尤其如此，所以这段时间会让人很难熬。变化让人感到不安。因此，我们会避免变化，面对变化时会望而却步。"我在同一家公司待了 15 年，"来自纽约州的人力资源总监劳伦说，"我每隔几年就会换一个岗位，但一直效力于这家公司。每次我都会试图争取增加底薪，但我现在的底薪依然低得很。如果跳槽，我能够争取到的薪酬会高得多。"

这是不可避免的。要实现自己的目标，你要愿意去承受一定的不安。而且你要明白，提出要求（不管是要求加薪还是晋升）可能也会让谈判对手感到些许不舒服。但对方的反应可能会让你大吃一惊。他们可能一直在希望你能提出要求，甚至如果你不提出要求，他们反而会感到惊讶（或者失望）。

这种话我丈夫就说过好多次。近 20 年来，他一直在为赫斯特国际集团（Hearst Corporation）招聘编辑和艺术指导。在同应聘人员就薪酬进行商谈时，他始终会有所保留，等着应聘人员提要求时再做出让步。他告诉我，当对方（通常是女性）没有开口提出进一步的要求时，他会感到相当失望。凯业必达网站（CareerBuilder）的调查也得出了同样的结果。半数以上的雇主希望、也乐于就薪酬同应聘人员进行商谈，但半数应聘人员并没有开口。

争取同意

要帮助自己（和他人）跨越这道障碍，有众多策略可以使用。

首先，加薪要求要明确具体。想要加薪，却不知道自己要加多少，这就像是想参加跑步比赛，却无法决定究竟是跑 5000 米还是跑半马。你可以根据外部或内部因素来确定自己的加薪数字，研究并了解拥有同等技能和经验的人当前的收入情况。招聘同等技能人员的广告如果明确给出了薪酬标准，那么你也可以参考。或者你可以去请教其他人。

越来越多的女性（千禧一代）会愿意与朋友和同事分享自己的收入水平。《红皮书》（*Redbook*）杂志前编辑梅雷迪斯·罗林斯（Meredith Rollins）曾经在我的播客上讲述过一段故事。在她升职掌管该杂志后，一位女性接替了她此前的工作。她曾指导这位女性究竟应该要求多少薪水。

米卡·布热津斯基在播客上介绍了她如何与美国全国广播公司（NBC）部分新招募的员工进行商谈，确保他们得到合理的薪酬。"我亲自带他们来到前台，"她解释说，"我知道自己的薪酬是多少。我也清楚自己为了达到这个水平工作了多久。我有自己的领悟。你所需要的就是自己发声，或者需要一个朋友，还要懂得自身的价值。"她表示，这些是取得成功的关键。我也曾同样指导过部分更年轻的个人理财专家，告诉他们演讲或博客发帖应该收费多少。将这种技能传递出去简直太棒了。

如果清楚自己可以为公司营收做出多大贡献，那会更好办。2018年初，《实习医生格蕾》（*Grey's Anatomy*）中的主演艾伦·旁派（Ellen Pompeo）曾经接受过《好莱坞报道》（*Hollywood Reporter*）的采访。

让女性受益一生的理财思维

WOMEN WITH MONEY The Judgment-Free Guide to Creating the Joyful,
Less Stressed,Purposeful（and, Yes, Rich）Life You Deserve

采访中，她说争取加薪是非常艰难的事情。该剧编剧珊达·莱梅斯（Shonda Rhimes）也接受了杂志的采访，她告诉艾伦："你觉得自己值多少钱？想好了后，你就去提要求。没有人会主动给你那个数。"但旁派担心那样显得自己"太贪婪"。后来，她得知自己担纲主演14年的那部电视剧为迪士尼公司创造了30亿美元的收入。"那是世界上最大的公司之一，它的作品创造了30亿美元的收入，而你的脸和你的声音是作品的一部分，这时候你开始觉得，'好吧，或许我的确应该从中分一杯羹'。"她的新合约片酬为2000万美元，这让她成了当时电视剧片酬最高的女演员。

你值多少钱？回答该问题的方法来自你自己。这个问题不是问你需要赚多少钱，而是你想赚多少钱来过自己想过的生活。具体一点看，你要想的不是"如果我能多赚这么多钱，那我的生活会变成什么样"，而是"当我开始多赚这么多钱时，我的生活会怎么样"。第一个问题说的只是你的愿望，而第二个则是你的意向。再具体一点说，到距离上班地点更近一点的小区里买套房子？在养老金账户里多存点钱，免得自己焦虑？每年出国旅游一次？让孩子们上私立学校？把衣橱里的行头都换一换？可以有能力多捐一些钱？答案没有对错之分，所以不要去批判自己。

罗宾·阿尔宗（Robin Arzon）就是这样做的。阿尔宗曾经在某企业担任律师。过去七年里，她努力打造自己的健身品牌，成了佩洛通公司（Peloton）的总教练。该公司每天为数千户家庭提供在线动感单车课。在分析这个商机究竟值多少钱时，阿尔宗花了一点时间认真思考了从现在开始的10到20年里，多少钱才能让她觉得有安全感。那么，在得到那个数字后怎么办呢？把税金加进去。"不管你是自由职业者、创业者、个体户，还是全职爸爸／妈妈，先弄清楚自己值多少钱，然后再把税金算进去。"自由职业者在计算时还不能只是增加税金这一项，因为他们在 4 月份时要向政府缴税（多想想！多想想！）。税金是你的固有价值。它不同于你给自己每个小时工作所定的价格，它是你的参与、你为项目所投入的精力、你午夜时突然有的灵感（你放在床边的日记本上匆匆记下来的想法）的溢价。税金只是额外的小东西，因为只要你开始工作，就会全力以赴。

我想说，这种办法太棒了。

他人的帮助和自己发声

在上文中，我们介绍了争取合理薪酬所必需的三样东西，即自己发声、朋友和对自身价值的了解。你现在已经了解了自身的价值，接下来就需要另外两样了。自己为自己发声可能是最艰难的。想想看，为一个需要你帮助的小孩去争取并不是很难的事情，那是在帮助他人。而为自己争取则难度很大，当你要求加薪时尤为困难，因为那让人感觉很自私。所以换个角度看，当你为自己发声时，就是在给自己的客户、给自己的公司帮忙。

至于朋友，有些人能推动你成长，有些人则会拖你后腿。如果你身边都是后面那一类朋友，那么是时候去寻找更多能支持你成长的朋友了。如果找不到这类朋友，我建议你在比自己年轻的女性中寻找。

30 多岁的朱莉在巴尔的摩担任市场分析员。她的朋友就会为了类似的事情征询她的意见。"我对自己的技能非常自信，因为我走的是数字化营销路线，而一些经验更丰富的营销人员害怕这条路线。我走到老板那里说，'请给我加薪，不然我就走人'。这种方法每次都很奏效。或

让女性受益一生的理财思维

WOMEN WITH MONEY The Judgment-Free Guide to Creating the Joyful,
Less Stressed,Purposeful （and, Yes, Rich） Life You Deserve

许老板不会完全满足我的要求，但我们会商讨，然后找到折中点。"

30多岁的杰西卡是一位来自纽约州美容行业的市场高管。她缺乏这方面的技能，所以找到自己的好友帮忙。"我不知道要怎样去要求加薪，但闺蜜告诉我，如果我不提要求，公司就不会给我加薪，"她说，"所以我整理了自己在公司发展中所做出的一切努力，以及我的努力对公司营收的贡献。你必须让他们看到为什么你值得拿更多的钱。这是争取加薪的唯一方式。"

我不会建议大家尝试朱莉那种太过直接的方式。直接说"给我加薪"听起来会有点令人不快（尝试在这里加上个眨眼的表情）。如果遇挫，可以试试下面这种对话方式。

练习6

靠摆贡献来争取加薪的对话方式

1. **表现出自己的激动和兴奋。** 你可以说"我非常期待能加入贵团队"或者"能加入这个项目太让人兴奋了"。这是先告诉对方你很激动。在表述时，要想方设法暗示那些事情已经或很快就会成为现实（尽管现在还不是定数）。

2. **肯定自己就是该岗位的最佳人选。** 他们早已经不怀疑这一点了，不然也不会和你谈薪酬，不过最好还是再强调一番。比如说："我相信，我有贵团队所需的技能。"

3. **在就薪酬进行商谈时，搬出你的调查结果和经验来提出更高的要求。** "我对市场薪酬情况进行了调查，像我这种经验和技术人员的薪酬一般在 ×× 的水平。"或者"除非工资达到 ×× 水平，不然我实在没理由离开当前的公司。"

4. **如果你要求提高收费标准，那么强调你如何看重客户的业务和同客户的关系。**然后直截了当地说："我在 2019 年的收费标准将是 ×。"

在结束本章之前，还有两点要说明一下。一是，在谈判时，切记薪酬不仅仅是拿到手的钱。高补贴的医疗保险、401（k）的配比福利、股票期权以及额外的假期都很不错。所以，在评估自己的机会时，所有这些都要算到你要求的薪资里。二是，相比于就职后再要求加薪，在应聘时商谈薪资的成功机会要更大。招聘的过程很漫长，成本也高。就算是小公司都可能要花数百美元来刊登招聘广告，花无数个小时来筛选应聘人员，甚至还要花很多个小时来进行面试。因为你是合适的人选，他们在你身上早已投了不少的时间和精力。他们现在不想再退回到起点，所以，这时提出自己的要求并且力争这些要求得到满足绝对是最佳时机。

正是因为如此，跳槽是争取收入更上一层楼的最佳办法。当你的确想要赚更多的钱，而且薪水上涨只能赶上生活费用上涨时，那么你或许必须放手一搏。我曾经在《精明理财》杂志担任特约撰稿人。当时我就处于那种状态。我知道自己的收入偏低，所以我找到老板，和他说了我的情况，并且要求加薪。他告诉我他没有权力，他也必须向他的老板申请给我加薪，而如果不加薪我就会走人。所以，他告诉我："拿份其他公司的聘用通知来。"

我知道，这些话听起来实在让人不舒服。你让其他人寄希望于你，为你而兴奋，这是在浪费他们的时间。而且如果新公司知道了你所采取的手段，他们的反应可能和我丈夫一样。他负责公司人员招募。他说："他们在我心中的形象已经垮了。"但这种方法的确有用。它能带来显著的工资增长。也就是说，这种方法在每家公司只能用一次。如果你当前的公司不愿意给你加薪，那么你必须换地方了。他们不愿意加薪的情况可能会发生，原因可能是他们没有办法增加薪水，或者是你高估了自己对公司的价值。这种情况发生后，你可能有点措手不及，不得不跳槽，但至少它能让你懂得自己真正价值几何。你或许知道自己当前的技能可以带来一些此前想都没想到的新机会。因此，你可能决定不管怎样都要走人。更多的钱 + 新挑战——还有什么能比这样更好呢？

▌理财思维小结

- 要求加薪并非易事，但熟能生巧，实践可以让你更加轻松地应对，也会处理得更好。

- 越多女性要求加薪，要求加薪的事情就会变得越平常。研究显示，当女性要求对薪酬进行磋商时，经理人（男女性均有）会不那么愿意进行合作。当谈判变得平常，不再是例外时，这种情况就会发生改变。不管怎样，他们会怎么办呢？难道不聘请任何女性了？

- 想想"如果……会怎么样"。这种方法让我最终有勇气开口。对方可能会说"那超出范围了"。在这个时候，你要考虑是否还要花时间去进行磋商。他们可以说："那有点高，××这个数字怎么样？"这个时候，谈判开始了，你可以选择接受或不接受。他们甚至可能会说："好，没问题。"如果他们答应得太快，这时候，你可能就会开始自责没有提出更高的要求。切记金钱守则：如果你不开口提要求，答案就永远都是"不"。

WOMEN WITH MONEY

后续内容预告

几乎在每次的 HerMoney 欢乐时光中，我都会问一个问题：你们是投资者吗？尽管我们有 401（k）、个人养老金账户、529 计划和其他自己进行的各种投资，但我得到的答案几乎永远都是否定的。这种现象是个问题。在下一章节中，我们将会讨论投资问题。

第6章

学会投资：赚取"睡后"收入

以下是在旧金山城外举行的 HerMoney 欢乐时光上的对话片段。

珍：那么，你们中有多少人觉得自己是投资者呢？（在座的 10 位女性中，有两个人举了手。）

琳赛：我不能被称为投资者。我只是把钱放在简易员工养老金账户（SEP-IRA）里。

奥普：我知道我们夫妻有一些投资。但就我个人来说，我没有做过投资。

凯利：指数基金这种被动投资算投资吗？

埃里卡：我觉得将钱投在指数基金里不算投资。我不是每天都去打理一下自己的钱，也没有每年打理一次，我就是把钱放在那里。我会看基金报告，希望基金能达到他们宣称的平均业绩。但对我而言，这不是投资行为。投资者会每天花时间去看看股市走势。或许当某只股票股价下跌时，他们会进行波段操作。

珍：那样做的话，你会是一个糟糕的投资者。（笑声。随后笑声慢慢停止。）

什么是投资

概括一下前面阐述过的观点，即女性非常清楚她们希望钱能给自己带来什么。我们希望能满足自身在安全感和保障性上的需求；我们希望能多点时间和自由做自己想做的事情，摆脱那些自己不想做的事情；我们希望在职业、教育和社区上能有更多的选择；我们想要一定的控制力；我们想去帮助他人。是的，我们也想要漂亮的东西；想要漂亮的东西绝对不是坏事。

要实现以上种种目标，有两种方法可以帮助我们获得所需的金钱。我们可以通过工作赚钱并学会储蓄，我们也可以让自己的储蓄发挥作用（也就是投资），让我们躺着赚钱。

努力工作是一件很好的事情，但你总有停下来的那一天。在 20 世纪 70 年代和 80 年代，单靠储蓄也很好，因为那时将钱存在银行，可以赚取较高的个位数甚至是两位数的利息。但现在，利息能达到 1% 或 2% 就不错了，这也意味着扣除税金和通货膨胀之后，你在银行里的钱实际上在减少。就算是利率增长，储蓄收入距离帮助你赚钱还差得太远。正因为如此，虽然储蓄金额超出短期开支和紧急备用金似乎能给人安全感，可实际上并非如此。

投资就是让自己领先一步，也就是把你暂时（通常是五年）不用的钱拿来购买股票和债券（或者房地产等其他资产），这些投资组合要适合你的年龄，让你能为退休做准备，同时也要适合你的风险承受能力。

尽管早已成为投资者，但你自己并没有意识到。你可能像巴尔的摩市从事高等教育工作的萨拉一样。她说："我将收入的 6% 放到自己的 403（b）账户中。但说到投资，我什么概念都没有。"如果你也一样，那你不仅仅是一位投资者，而且可能是一位相当出色的投资者。

让女性受益一生的理财思维

WOMEN WITH MONEY The Judgment-Free Guide to Creating the Joyful,
Less Stressed,Purposeful（and, Yes, Rich）Life You Deserve

不过首先，让我们先回答几个问题。

- 你有养老金计划吗，比如 401（k）、403（b）或个人养老金账户（IRA）？
- 你持有所在公司的股票吗？
- 你是否往大学储蓄账户 529 计划里存了钱？
- 你是否在经纪行或智能投顾开设了账号？
- 你的手机里是否装了可以将你的零钱存起来进行投资的应用程序？

如果上面的问题有一个答案是"是"，那么你就是投资者，只是你自己感觉不到。研究显示，多数女性都不觉得自己是投资者。那么，让我们先弄清楚真正的投资者同埃里卡所描述的那些"投资者"的区别。埃里卡认为投资者"会每天花时间去看看股市走势……或许……他们会进行波段操作"。那些人实际上是交易员。他们会频繁买卖，赌投资对象的价格会下跌或上涨（这种操作叫卖空）。

投资是一个时间较长且收益速度较慢的过程。在这个过程中，你可以、也应该有耐心。尽管交易员和投资者有时候会使用复杂的技术性工具和分析来了解买什么、卖什么以及何时进行买卖，但为了能为未来做好充足的准备，投资并不一定要那么复杂。

无聊是一件好事

在筹备这本书时，我进行了一些研究。我时常听到女性朋友们称她们希望自己在投资方面能变得聪明一些。

- 我希望自己可以掌握更多的相关知识，懂得最好的投资方法，能赚取最大的回报（朱莉，30 多岁，来自宾夕法尼亚州）。
- 我对抵押贷款、保险、消费、信用卡、储蓄账户和支票账户都相当了解，那还有什么让我感到不安全呢？我想对投资有所了解，这样才能更好地让钱再生钱（娜塔莎，30 多岁，来自新泽西州）。

- 我对自己赚钱、做预算和存钱的能力相当自信，但对投资没信心。投资领域里有太多东西、太过复杂，就像是钻到兔子洞里一样让人摸不着头脑。我感觉有点不知所措（米歇尔，30 多岁，来自加利福尼亚州）。

所有人，请深呼吸。

有三点决定了多数投资者的投资业绩。

1. 储蓄金额的多少。通常而言，你会将收入中的 15% 留下来进行长期投资。女性在这方面做得比男性好。

2. 资产配置或投资组合——股票（风险最大）、债券（风险相对较小）和现金（安全，但会受到税金 / 通货膨胀因素的影响）——你会进行选择，对收益和风险加以均衡。

3. 证券的选择——你在资产组合中选择的特定股票、债券或基金。

第一点最为重要，第二点紧跟其后，第三点根本不用怎么去想。事实上，我甚至不打算在本书中去讨论怎么选股或选债券。你想了解？那么换本书看吧。原因是这样的。

第一点：储蓄金额的多少。假设你有 100 美元，你拿着这 100 美元进行投资。50 年后，这 100 美元变成了 1000 美元。那么 100 美元是你的本金，或者说是你存下来的钱，而 900 美元就是你的投资回报。现在，有人可能会说，那 900 美元完全取决于你将钱投在哪里。换言之，取决于你的投资资产组合。但如果你没有最开始的那 100 美元，也就不存在什么资产增值了。正如富达投资集团女性与投资、分析、市场和传播高级副总裁亚历山德拉·陶西格（Alexandra Taussig）所说的："人人都知道，如果饮食习惯不对，锻炼也没用。"同样的道理，如果存不下钱，什么资产配置都没用。储蓄是第一步，这点毋庸置疑。

所以你要存多少钱呢？每年收入的 15%，这个数字可以让你在退休后的 30 年里收入依然能达到退休前收入水平的 85%（其中包括社会福利）。

如果遵从投资公司给你的建议，始终保持正确的方向，你就有把握做到。富达投资集团的建议是，30 岁时应该存下年收入的一倍作为养老金；到 40 岁，存下来的钱应该是年收入的三倍；50 岁时为六倍；60 岁时是八倍；到退休时则达到 10 倍。

现在，你的反应可能有两种要么一直点头表示赞同，要么嗤之以鼻。我知道会这样，因为 2017 年底，我在 Twitter 上发文谈到这些标准时，整个 Twitter 简直发疯了。之所以这样疯狂，是因为《华盛顿邮报》介绍了我的推文内容。我的推文获得了数千个点赞，但同时也有 1000 多条评论，其中很多是对我的尖锐批评。事情是这样的。

> @Jean Chatzky
> 等 30 岁时，你的目标是用于养老的钱达到年收入的一倍；到 40 岁时，这笔钱是年收入的三倍；50 岁时达到六倍；60 岁时达到八倍；等到退休时，这笔钱要有年收入的 10 倍。

大家的回复包括：

> 好建议。此外，有人知道有什么好食谱可以来处理剩下的独角兽吗？

以及这种：

> 但我们可以吃多少个鳄梨呢？

我明白了。如果不跟着那些指导方针走，这些目标的确看上去显得遥不可及。但我想说，如果你可以保证将收入的 15% 存下来（包括雇主可能会给你的奖金），你就能实现目标。如果你现在还没有达到那些目标呢？不要想着一次性能实现所有目标。每半年或一年将自己的储蓄额增加一到两个百分点，会是更好的选择。

接着来看第二点，即资产配置。资产配置有多重要？资产配置与证券的选择（选股和选债）相比，谁更重要？关于这两个问题的研究众多，要钻研的话会让人头晕。你只要知道，1986 年，三位研究人员深入研究了一番养老金计划（退休资产的大型资金池）的业绩表现，发现资产配置决定了 94% 的业绩。换言之，投资的业绩靠的不是单一的投资项目，而是投资组合。这些研究人员的论文现在仍然被大家引用。在那之后，人们还进行了一些后续的研究。有些研究提出，资产配置决定了 80% 的投资业绩，有些人认为这个数字达到了 100%，有些人则表示略低于 80%。但不管怎样，资产配置都是最大的影响因素。

这真好，没错吧？那为什么个人投资者要去费心选股呢？因为他们想要赢。如果你看过财经新闻，就应该会听到过"基准"（benchmark）这个词语。基准是指我们用来进行对比的标准。在巧克力曲奇饼干的世界里，基准可能会是雀巢的 Toll House。这是因为基本上人人都知道 Toll House 的曲奇饼干长什么样，吃起来什么味道，甚至知道怎么来做这种饼干。所以大家可以判断出你的配方是更好、更差，还是差不多。

让女性受益一生的理财思维

WOMEN WITH MONEY The Judgment-Free Guide to Creating the Joyful,
Less Stressed,Purposeful（and, Yes, Rich）Life You Deserve

在投资领域内，基准就是那些代表整个市场的大部分指数。道琼斯工业平均指数和标普 500 指数是两个广泛使用的股市基准，还有债券、共同基金以及其他的基准。在选择何种证券或者说选择哪只股票、债券或共同基金时，其目标就是要战胜业绩比较基准。

如果你觉得自己不在乎这些，那怎么办呢？如果你觉得业绩比较基准也挺好呢，会如何？自诞生之日起，道琼斯工业平均指数每年的增长率为 8%，而标普 500 指数的年增长率为 10%。恭喜你，你已经让自己成为无聊的投资者了。

这意味着你为自己找到了合适的资产配置方式。不过同样重要的是，你已经决定好了自己不去做什么，你不会去横加干涉。在明确资产配置的细节问题后，你就会放手让它们自己去发展。市场表现今天非常糟糕？这周市场走弱？这个月表现不佳？关掉电视，别去管它。

很多研究显示，女性投资人的表现优于男性。主要原因在于我们不会横加干涉。我们不会频繁交易，那意味着我们的交易成本会低一些，而且频繁交易也会导致犯错。你必须计算何时开始进行投资，也必须计算何时退出市场。谁愿意操这个心？我不愿意，我是个无聊的投资者。我猜你们也不爱操心。

拖你后腿的是什么

所有这些信息还不足以让你平静下来，让你感觉投资还不错吗？你必须投资，因为你会需要钱。正如我们此前所讨论的，女性现在的收入比男性低 20%。我们仍然会因为要照顾孩子和老人而不得不退出职场。所以，尽管我们会将收入中较大比例存入 401（k）账户和其他养老金计划中，但先锋集团（Vanguard）的研究显示，女性养老金计划中的余额平均比男性少 50%。投资可以帮助我们填补这个差距。

那么让我们来列举出那些会挡路的障碍物，然而把它们统统挪开吧！

克服投资障碍

障碍 1：不想做自己搞不懂的事情

安娜是一位电视制片人，生活在费城，已到知命之年。她离婚后拿到了一大笔钱。"那些钱就放在储蓄账户里，我不知道要拿这些钱干什么，"她说，"我很紧张，所以就卡在那里了。"在我问任何问题之前，她似乎就急切地想知道答案，所以我能理解她的那个问题。不过最近，我正痴迷于奈飞公司（Netflix）和美国公共电视台（PBS）播出的《英国家庭烘焙大赛》（*The Great British Baking Show*）节目。这是一档美食节目，是教观众制作面团、松软蛋糕、糕点奶油和发酵的大师级课堂。该节目让我开始捣鼓起酵母面包和稀奇古怪的面团。我的作品有些发酵不够，有些就发得很难看，但它们都还是能吃的。从节目中我还明白了，要想提高自身的水平，增强自信心，唯一的办法就是继续练习。

投资也是一样的道理。只有实践才能帮助你去弄懂它。只有真正去开设投资账户后，你才会知道要怎么样开设账户。你只有把部分资金转入该账户，并且让这些资金开始发挥作用，比如说购买标普 500 指数基金或目标日期养老基金（稍后我们会做更详细的介绍），你才会知道怎么购买投资产品。如果你已经有了投

让女性受益一生的理财思维

WOMEN WITH MONEY The Judgment-Free Guide to Creating the Joyful,
　　　　　　　　　　Less Stressed,Purposeful（and, Yes, Rich）Life You Deserve

资计划，那么就直接实施。每个步骤都会非常流畅，无缝衔接。接着你签订该产品的定投合约，注册在线账户，并且开始查看投资业绩。你会看到该投资组合的价值在起起落落。因为你会定期增加投资额，所以看到的涨会多于跌，这样可以让你更有信心。你开始感觉自己已经懂得怎样进行投资了。你也可能发现自己在投资方面的知识要比自己所认为的多。在参加金融知识的小测试时，如果将答案中的"不知道"选项去除，那么男性和女性的得分基本上差不多。因为女性选择"不知道"的次数要远远多于男性。

障碍 2：担心损失金钱

　　美林集团 2015 年的研究报告显示，半数以上的女性担心会损失金钱。其他女性则不喜欢你争我抢的感觉，当她们知道自己会输时尤为如此。30 多岁的杰斯是芝加哥的一位自由职业者，从事平面设计工作。她说："投资给人的感觉就是很多人一心想抢在其他人前面。我不喜欢那种感觉。"交易就是那种你争我抢，但投资不是。在投资领域内，人人都可以得到奖杯。只要给予足够长的时间，没有人一定会输。历史证明了这一点。在历史上最糟糕的那 30 年里，如果你投资了标普 500 指数，每年的收益率仍然可以保持在 8%。

障碍 3：投资就是赌博

　　投资不是赌博。因为赌博是把自己的钱押在特定的结果上。如果那个结果没有出现（比如你买的彩票号码并非中奖号码），你的钱就没了。而投资是花钱购买东西，而且这个东西具有一定的价值。比如，投资股票是花钱购买了某家公司的股权，而投资共同基金是购买了众多公司的一点点股权。这些东西的价值会随着时间流逝而起起落落。但如果不是只购买一只股票，而是购买多只股票来降低风险（也就是我们所称的多元化），并且投资一定的时间，你赚钱的概率就会大幅提高。

障碍 4：不信任金融行业

为什么要信任金融行业？问问富达投资集团的亚历山德拉·陶西格吧。"这个行业是为男性创造的，也是由男性创造的。"这个行业里诞生了股票套利之王伊凡·博斯基（Ivan Boesky）和垃圾债券大王迈克尔·米尔肯（Michael Milken），还有戈登·盖柯（Gordon Gekko）（好吧，这是个虚构的人物）①。但金融巨骗伯纳德·麦道夫（Bernie Madoff）是一个真实的人物。金融行业通常听起来也不喜欢女性，其产品所使用的语言大多数非常男性化。金融行业看上去也不喜欢女性，只有 25% 的理财顾问是女性。但实际上，2017 年的一份研究显示，金融行业并不是美国最不值得信任的行业。在最不值得信任的行业中，金融行业排名第三，原油和成品油行业排名第一。但你不会因为不信任原油和成品油行业就不去给车加油。同样的道理，你要利用金融行业并不一定非要信任它们。你必须知道一点，找到某个你愿意合作的公司或个人。如果你更愿意和女性打交道，现在也不是没有选择。不要因为缺乏信任就放弃投资。

最后，就算是障碍都已经清除，你可能还需要再做一点点工作才能继续前行。建议先思考几个为什么。为什么你想要钱生钱？是为了不用再工作？是为了攒钱让孩子们能读完大学？是为

---

① 电影《华尔街 2》中的主人公，是一个叱咤金融界的股市大亨。——译者注

让女性受益一生的理财思维

WOMEN WITH MONEY The Judgment-Free Guide to Creating the Joyful,
Less Stressed,Purposeful（and, Yes, Rich）Life You Deserve

了能捐更多的钱给自己所支持的慈善事业？男性通常一心想钱越多越好，也就是想赢。女性更多的是为了实现自己的人生目标，让投资具有一定的个人意义，这样有助于推动你迈出自己所需的那几步（是的，是你所需的）。

选择投资账户

我此前说过，我不会去深入分析怎么选股或者选债券。但要让你的钱能真正地再生钱，的确要做出两个选择：一是，你要根据自己的需求选择合适的账户类型；二是，你要选择通过这些账户持有哪些投资产品。

将这些账户当作桶，里面装的就是你的投资产品。这类桶有三种基本类型。

- **应纳税账户**：包括基本银行账户和证券经纪账户。你每年的收益通常都需要缴税 [1]。

- **延迟纳税账户**：政府想要激励你为了这些目标而更多地储蓄，所以你可以往这些账户里存钱并享受到税收减免。只要钱在账户内，你就无须纳税。等你退休后将钱取出（你可以在 59.5 岁时开始提取，而且最晚到 70.5 岁时必须提取），你会以当前的税率缴纳所得税。这些账户包括 401（k）、403（b）、其他企业年金计划以及传统的个人养老金账户。

- **免税账户**：你的收入早已经纳税，所以这部分钱再赚来的钱无须纳税，你可以免税提取。这些包括了罗斯个人养老金账户（Roth）和医疗储蓄

---

[1] 有些投资可以享受到税收优惠，例如市政债券。政府这样做是为了提高其债券的吸引力。

账户（HSA），前提是你将这些钱花在了医疗保健上。

总的来说，我们希望尽可能多地将钱放在延迟纳税和免税账户内。我们也希望能抓住所有可能的激励举措或免费午餐（例如配比资金）。剩下来的钱就会放在应纳税的普通投资账户内。

所以如果你当前已经有退休计划，那么你的存款账户的顺序应该是：401（k）或其他企业年金计划、医疗储蓄账户、罗斯个人养老金账户或传统个人养老金账户（资格取决于你的收入，但你可以在企业年金之外享受该账户）、普通投资账户、529 计划[①]。

如果你是打工者，且当前没有参加任何养老计划，则账户存款顺序应该是：传统个人养老金账户或罗斯个人养老金账户、医疗储蓄账户、普通投资账户、529 计划。如何判断是选择传统个人养老金账户还是罗斯个人养老金账户呢？或者现在有企业年金，那什么时候参加 401（k）比较好呢？主要看税项和灵活性。如果你认为现在的纳税等级高于退休以后的纳税等级，那么传统个人养老金账户更合适。如果你认为自己的纳税等级以后会更高（对年轻人来说通常都是如此），或者美国所有的纳税等级将来都会升高，那么罗斯个人养老金账户是更加合适的选择。很多人（包括我）都同时拥有罗斯个人养老金账户和传统个人养老金账户。我们自身的纳税等级和国家未来的纳税等级都存在不确定性，所以我们这是在两头下注。罗斯个人养老金账户的灵活性更强，你可以随时提取自己的存款（不是收益），不会因此受到任何惩罚。所以你在需要钱时就可以从账户中进行提取。你同样也可以一直不提取，让这个账户里的钱持续增长，然后如果愿意就将账户里的资金留给你的孩子们。

[①]　教育储蓄计划。——译者注

让女性受益一生的理财思维

WOMEN WITH MONEY The Judgment-Free Guide to Creating the Joyful,
Less Stressed,Purposeful （and, Yes, Rich） Life You Deserve

如果你是个体经营户，不受传统个人养老金账户和罗斯个人养老金账户的年存款限制（目前是 5500 美元，年龄达到 50 岁的可以再增加 1000 美元），那么你可以先开设简易员工养老金账户或单独的 401（k）。然后再开设其他账户，比如医疗储蓄账户、普通投资账户和 529 计划。对单身或夫妻双方只有一个人工作的家庭来说，简易员工养老金账户是最佳选择。你可以将高达 25% 的 W-2 收入或 20% 的个体经营纯收入存到该账户内，而且还可以享受到税收减免。如果你还聘请了员工，那你也必须为他们存入同等比例的收入。只有当你手下没有员工时，你才可以设立单独的 401（k）。开设该账户需要做很多文字工作，但可以让你存入更高的金额，而且不同于简易员工养老金账户，你可以使用 401（k）账户贷款。

选择投资策略

在确定好自己的投资账户后，你可以开始选择通过那些账户持有哪些投资产品了。以下五种策略按照我们所需投入的精力从少到多排序。

策略 1：替我动手——目标日期基金

它是什么？目标日期基金是一种共同基金，旨在帮助你在特定日期（基金名称中会明确该日期）安心退休。在你年轻时，该基金会采取比较激进的投资方式。等你的年龄慢慢向退休年龄靠近而且需要动用该基金的资金时，基金的投资方式就会变得温和。例如，先锋集团 2050 年目标日期养老基金目前将 90% 的资金投入了股市。但到 2050 年，该基金投入股市的资金将会少于 50%。再过五年，这个数字将会接近 34%。很多企业年金计划也会自动将你的钱投入到他们认为合适的目标日期基金，除非你选择拿那笔钱去进行其他投资。

如何使用？ 选择一个符合自身计划退休日期的基金，然后用所有的投资资金购买该基金。如果你用部分资金购买目标日期基金，部分购买其他产品（例如股票型基金），那就会违背让风险大小和退休日期保持一致的目标。

费用是多少？ 目标日期基金的管理费用一般每年收取投资额的0.75%。

策略 2：智能投顾

它是什么？ 它是一种计算机驱动的金融规划服务。计算机会就你的年龄、财务状况、退休时的目标，以及风险承受能力等提出问题，请你回答。然后计算机根据你的答案来为你进行资产配置，此后会时刻让你的投资保持均衡。很多智能投顾也会提供"税收亏损收割"服务，这是最大限度地减少资本利得税的一种好方法。

如何使用？ 你可以在智能投顾公司开设一个账户，然后开始往里面存钱。最大的智能投顾公司有 Wealthfront 和 Betterment，而 Ellevest 公司专门针对女性提供服务。嘉信理财（Schwab）、富达投资集团、先锋集团和其他大型投资公司也提供智能投顾服务。只提供智能投顾服务的初创企业一般不能帮你管理 401（k），但你可以通过这些公司开设个人养老金账户、简易员工养老金账户和普通证券经纪账户。

费用是多少？ 每年收取投资额的 0.2% 至 0.5% 不等。

策略 3：企业年金管理账户

它是什么？ 这种方式旨在让 401（k）和其他企业年金账户得到更

让女性受益一生的理财思维

WOMEN WITH MONEY The Judgment-Free Guide to Creating the Joyful,
Less Stressed,Purposeful（and, Yes, Rich）Life You Deserve

个性化的投资建议。你会填写关于自身目标的调查问卷，然后智能投顾（有时候是人工服务）会根据你的需求选择合适的资产配置，此后让投资组合持续符合你的目标。管理账户在同时也会就储蓄额的多少、工作年限和其他信息提供建议。这些信息将帮助你为退休准备好足额的钱。

如何使用？ 同公司的退休计划提供商进行讨论，了解他们是否提供这些服务，然后再跟着他们的建议来。

费用是多少？ 费用从免费到投资额的 0.5% 不等。

策略 4：理财顾问

它是什么？ 根据你的目标为你（或帮助你）管理投资的人，或是独立顾问，或隶属于经纪公司。

如何使用？ 具体取决于你和你选择的顾问。但本章节将在后面更详细地介绍如何寻找顾问并进行合作。

费用是多少？ 通常，每年的费用是投资额的 1% 至 2%，不过有些是按小时收费，有些是按照整个理财计划收费。

策略 5：自己动手

它是什么？ 你自己选择投资组合，然后再每年进行一到两次调整。在这五种策略中，这种方法所耗精力最多，但难度并不一定就越大。

如何使用？ 开设一个账户，然后根据自身年龄和风险承受力投资多种资产。纽约州金融顾问史黛西·弗朗西斯（Stacy Francis）擅长和女性进行合作。她协助我们针对投资组合提出以下建议。请注意，只要购买指数基金就能满足所有这些建议。指数基金跟踪的是市场上特定的一部分股票。例如，建议中提到"短期债券"，你就可以购买短期债券指数基金。投资指数基金成本并不高，而且因为投资组合里的投资产品不会频繁变动，有助于节税（仅供参考：交易所交易基金，也就是 ETF，是可以像股票一样进行场内交易的指数基金。它们也能发挥作用。活跃的交易者通常更喜欢 EFT，因为交易成本更低）。表 6–1 至表 6–4 列出了各种年龄段可选择的资产类型。

表 6–1　　　　　　　　　30~40 岁可选择的资产类型

资产类型	资产子类别	目标
债券	中期债券	13%
债券	短期债券	8%
非美国股票	新兴市场股票基金	15%
非美国股票	国际发达国家混合型基金	19%
美国股票	美国大盘股增长型基金	20%
美国股票	美国大盘股价值型基金	20%
美国股票	美国小盘股混合型基金	5%

表 6–2　　　　　　　　　40~50 岁可选择的资产类型

资产类型	资产子类别	目标
债券	中期债券	18.5%
债券	短期债券	11%
非美国股票	新兴市场股票基金	13.5%
非美国股票	国际发达国家混合型基金	16.5%
美国股票	美国大盘股增长型基金	18%
美国股票	美国大盘股价值型基金	18%
美国股票	美国小盘股混合型基金	4.5%

让女性受益一生的理财思维

WOMEN WITH MONEY The Judgment-Free Guide to Creating the Joyful,
Less Stressed,Purposeful （and, Yes, Rich） Life You Deserve

表 6–3　　　　　　　　　　**50~60 岁可选择的资产类型**

资产类型	资产子类别	目标
债券	中期债券	25%
债券	短期债券	13.5%
非美国股票	新兴市场股票基金	12.5%
非美国股票	国际发达国家混合型基金	14.5%
美国股票	美国大盘股增长型基金	15.5%
美国股票	美国大盘股价值型基金	15.5%
美国股票	美国小盘股混合型基金	3.5%

表 6–4　　　　　　　　　**60 岁以上准备退休可选择的资产类型**

资产类型	资产子类别	目标
债券	中期债券	42.5%
债券	短期债券	19.5%
非美国股票	新兴市场股票基金	8%
非美国股票	国际发达国家混合型基金	9%
美国股票	美国大盘股增长型基金	10%
美国股票	美国大盘股价值型基金	10%
美国股票	美国小盘股混合型基金	1%

费用是多少? 投资组合中的产品不同，成本差异也很大。如果选择指数基金，年费用可能会低于投资额的 0.2%。此外，费用可能比这还低，因为是你自己在进行投资。2018 年，富达投资集团推出了两只基金，成本为零。

定投

不管选择何种产品来填充自己的投资组合，为了让自己保持理智，也为未来的安全着想，有一件事你一定、必须、肯定要做。你必须定投，也就是定期往你的账户和资产中存钱，你根本不需要再去多加思考。401（k）的神奇之处在于这些钱会直接从工资中扣除。如果不能直接从工资中扣除，你仍然可以和证券经纪公司或理财顾问建立一套系统，每个月的某一天自动将钱转入自己选择的账户内，或购买自己选择的资产。那么你要做的就是看着自己的钱慢慢增多。

有生之年都有钱花

女性在金钱的方面最担心的莫过于人还活着，钱却没了。要知道，女性比男性的寿命平均要长七年，而收入却低于男性，所以有这种担心也是合理的。但现在，我们有工具，有解决方案，有投资，有保险，借助它们，不会再有"人活着，钱却没了"的纠结。那样我们就可以把精力放在其他更重要的事情上，例如我们爱买的那个品牌的鸡汤是否加了糖，或者圣诞节假期到底是去阿鲁巴岛（Aruba）还是安提瓜岛（Antigua）好？

传统的退休金是一种保障性收入，终生可以享受。教师、公务员、工会成员，或者是在军队服役的人可能仍然有这种退休金。除了社会保障之外，我们其他人没有那种运气。社会保障是一种养老金，但不可能覆盖所有的生活成本。所以，我们必须将各种投资综合起来，给自己创造一份收入。那要怎么做呢？

综合管理自己的养老金

在社保领取上要有一定的策略性

你 62 岁时就可以开始领取社保，但如果推迟到 70 岁才开始领取社保，在这推迟的几年里，每月津贴每年可以增长 8%。这种有保证的收益率是其他投资难以达到的。这里的计算有点复杂，但如果你是单身，那就要活到 80 岁才划算。虽然你 70 岁以后领的津贴会高一些，可是此前你放弃了八年领取津贴的机会。如果活不到 80 岁，高出的津贴不足以弥补你此前八年内放弃的津贴额。如果你觉得自己活不到 80 岁，那么就应该尽早开始领取社保。而如果是夫妻两人，情况就会更复杂，其中一个人可能希望早点领取社保。我建议精心计算一下，看看最好的领取方式是什么。

考虑一下年金

年金因为复杂（有时候的确如此）和费用高昂（可能会如此）而名声不好。但如果选择正确的方式（更简单一点的、更好的），年金也会是一种很好的收入源。我更喜欢固定年金，包括即付年金和递延年金。购买固定的即付年金就像是购买了一份薪水。你现在支付一笔费用，然后在一定年份里或终生可以每个月领取一笔钱。递延年金也类似，只是你现在付费，但要等到未来的某个时候才开始领取。那样年金公司可以在一段时间里持有你的资金，并且让资金得到增长，所以递延年金的费用要比即付年金低。

购买年金除了能在经济上带来效益之外，还能带来一定的心理效益，即收入是有保障的。我喜欢确保自己每个月能从社保、年金和其他养老金计划中拿到钱来支付预期的固定成本，例如住房、交通运输、食品和医疗费用。年金就像是让人安心的保险，你可能没有钱去购买奢侈品，但你知道自己不用去操心基本需求。

领取时要讲究策略

多年来，退休人员得到的建议就是每年从养老金账户领取的养老金不要超过总额的4%。但实际上，领取的方式各有不同。晨星公司（Morningstar）研究员大卫·布兰切特（David Blanchett）指出，养老金领取的曲线就像是个笑脸。在退休后的初期或退休后喜欢四处走动的那些年内，我们出去旅游会多一些，花在娱乐和外出就餐上的费用也多一些，要还清房贷，还要给孩子们支付上大学的费用，所以需要的开支会比较多。等到退休生活的中期，或者说动作变得缓慢的那些年里，我们会更多地待在家里，孩子们也都已经毕业远走高飞了，这时候开支就会慢慢减少。但再到后面，或者到大家动不了的时候，开支又会再次攀升，因为医疗费用开始增加。摩根大通公司的研究也得出了同样的结论。而且研究指出，退休人员在提取养老金时特别愿意顺应市场的发展趋势。当投资组合的业绩相当亮眼时，他们就会提取多一点；而当市场下行，投资组合的表现滞后时，他们就会提取少一些。差别通常就在于一年少度假一两次。

但4%的规则依然是一个很好的起点（不过如果刚刚退休时市场正在下行，还是要考虑少提取一点）。提取多少非常重要，同样重要的还有你的提取顺序。在本章前文中，我们曾经介绍过有三种账户，分别是要纳税的普通投资账户、延迟纳税的账户和免税账户。标准做法就是先从要纳税的普通投资账户内提取，让那些无须纳税的资产可以继续增长。但延迟纳税的资产无法永远放在那里任它增长。你可以在 59.5 岁时就开始从 401（k）和个人养老金账户里提取养老金，而且最迟到 70.5 岁时必须开始提取。而提取金额取决于你的年龄和账户内的余额。如果选择等待，你最终到 70.5 岁时就不得不开始提取较大金额的养老金，最终缴纳的税款总额反而更高。我知道这些听起来越来越复杂，也正是因为如此，我在书中建议大家，快要退休时，一定要去找理财顾问进行咨询。

找到可以信任的理财顾问

读过这本书，你肯定会发现我相当推崇理财顾问。我有一个理财顾问，我妈妈也有一个理财顾问，而且我常常向其他人推荐理财顾问，在人生处于转折点时，我尤其推荐大家找理财顾问。

众多研究试图将建议的价值量化，即花钱请顾问后给你带来的回报增值。这些研究（即 Envestnet 公司、美林集团、先锋集团和其他公司的研究）中，多数认为价值增量为每年 3%，晨星公司估计增值为每年 1.5%。但就算如此，久而久之，这个数值也是惊人的。如果你每月投资 500 美元，坚持 30 年，而且每年的回报率为 6.5%，那么你最终可以拿到 55 万美元；如果年回报率达到 8%，则最终可以拿到 75 万美元；如果年回报率达到 9.5%，你就可以拿到 102.5 万美元。

理财顾问的价值不仅仅是帮助你提升投资回报。投资回报在一定程度上不受你本人（或理财顾问）的控制，但理财顾问可能会告诉你要提高储蓄率，改变你偿还债务的方式，并且帮助你合理避税。所有这些都可以给你带来能量化的回报。

不过要找到一个值得信任的理财顾问，其过程相当复杂。美国的理财顾问多数都是男性。当他们为夫妻双方同时提供服务时，多数时间里会和丈夫进行沟通，认为夫妻中丈夫才是管钱的那一个。这种情况相当常见。这种沟通让女性感觉很不自在，感觉没有得到应有的尊重。

"我赚钱，而我丈夫管钱，"来自费城的 60 多岁的克劳迪娅说，"多数时候都没有问题。但每隔一段时间我就会感到恐慌，多数是因为我觉得我们在投资上太冒险了。我告诉他我想要找个理财顾问。"这样做是对的。但后来与理财顾问的交流总是让她感到失望。克劳迪娅会提出自己的问题，而顾问给出的答案让她难以理解。"他把一堆数字搬出来给我看。"再后来，有一两年的时间她没有再去找理财顾问，直到她又再次担心，于是此前那一幕重新上演。

我问她为什么还继续找那个理财顾问，她回答说："问题就在这里。我选了其他人，而我丈夫选了那个人。但因为我丈夫负责打理钱，所以我让他继续和他喜欢的理财顾问合作。他们之间已经建立了一定的关系，有了一定的感情。我感觉自己把自己排除在谈话之外了。或许他们坐在那里谈论的是橄榄球。我怀疑他们谈论的主题根本不是我的钱。"

我给了克劳迪娅建议。你们中的任何人处于那种情况时，我也会给出同样的建议。那位理财顾问的选股能力可能在全世界数一数二，但他并不适合克劳迪娅。

切记，理财顾问对你是有所求的。他们想要争取你这笔业务。他们想要管理你的资金或协助你管理资金，并从中获取利益。他们希望你能向朋友们推荐他们。如果你有着同克劳迪娅一样的感受，一定要下定决心撇开那位理财顾问。做这个决定并不是那么难。如果你早已经找到新的理财顾问，他们可以帮你处理资产转移的问题。或者你喜欢另一位老手（或年轻新手），那么对他们加以训练，让他们成为你所希望的理财顾问。告诉他们你现在缺少什么（更加明确的答案、更及时地回复电话、详细的理财计划），看他们是否能满足你的要求。但请记住，你是被视为上帝的顾客。

在打算找理财顾问时，先从口碑着手。问问经济实力和你相似的同事和朋友，看他们是否有人可以推荐给你。问同事的好处在于他们所推荐的理财顾问已经熟悉你所在公司的退休计划，了解计划的细枝末节。如果他们没有推荐，你可以借助互联网。美国理财规划师协会（Financial Planning Association）、全美个人理财顾问协会（National Association of Personal Financial Advisors）和加勒特理财规划网（Garrett Planning Network）都提供搜索引擎，可以搜索附近的理财规划师。有了人选意向之后，在美国金融业监管局（Financial Industry Regulatory Authority）快速查阅该人的背景资料。我也会查看意向人选是不是注册金融理财师，然后安排三四次咨询。这几次咨询应该是免费的。

在会面时，你应该向理财顾问提出以下问题：

- 我们将怎么合作？
- 彼此怎么分工？顾问负责做什么，你自己又要做哪些工作？
- 每年的收费是多少？这样你可以对比不同顾问的收费方式（有些顾问按小时收费或按理财计划收费，有些顾问根据所管理资产的规模按比例收费）。
- 当市场突然走下坡路时，你会怎么办？正确的答案是"沟通"。多数情况下，正确的建议就是"坚持该投资计划"，但在这些时期内，手把手的指导也是顾问的工作职责之一。

- 你是受托人吗？受托人要承诺在采取行动时必须以你的最大利益（而不是他们自身的利益）为出发点。这是一个不用动脑子的投资方法。

- 你能提供他人的推荐信和理财计划的样本吗？这个要求应该完全没问题。

- 还有你想到的其他所有问题。如果家中孩子有特殊需求、目前在家族企业中工作或决定辞职并花一年时间去世界各地旅游，你会希望确保理财顾问此前为类似客户提供过成功的服务。

相比你提出的这些问题，还有两件事情更为重要，你在决定时应该重点加以考虑。首先，那位理财顾问问了你什么？他的倾听能力如何？在理财顾问与你的关系中，你应该被摆在首位。他应该针对你的人生目标提出一连串问题，因为顾问的工作就是帮助你建立实现这些目标的经济能力。如果对话是一言堂，而你只是一直在那里听，这是个相当糟糕的兆头。其次，你在会面时有何感受？觉得很舒服自在？能够提出自己所有的问题？或许你是和他边喝咖啡边谈？所有这些都是好的迹象。感到害怕？不愿意开口？觉得自己很蠢？那就换个顾问谈谈看吧。

理财思维小结

- 如果你的养老金账户和证券经纪账户里面有钱，或者你持有指数基金，那么你就是投资人。只是你可能不是一个积极的投资人。如果你希望能为未来多赚钱，这种情况就必须得到改变。

- 投资就是先选择合适的账户，然后再通过该账户来持有合适的投资产品。你可以自己来完成这些工作，也可以在他人的协助下完成。不管是哪种，难度都不会太大，成本也不会太高。

- 攒钱实现自己的目标，这只是一个目的。让自己有生之年都有钱花是另一个目的。你必须制定相应的策略。

- 某个时候，你可能会想找理财顾问来全面快速地评估一下自己的经济实力，或者只是为了确保自己方向正确。要找到满足自身需求的理财顾问，关键在于提出正确的问题。

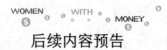

后续内容预告

当今众多女性会自行创业，对自己进行投资。自行创业让我们不仅能把握自己的金钱，也能把握自己的人生。但前提是我们能创业成功，不管是想全职创立自己的公司还是想做副业。下一章节我们将探讨这个问题。

第7章

创业，投资自我

在孩子们尚小还需要照顾时，我曾经在一家太阳能公司上班，每天都要经过加州奥克兰市的机场。如果一路上没什么车，从家到公司要花一个小时。但路上车少的日子基本上是不存在的。当时我在公司业绩不错，成了公司的区域负责人。但我不喜欢公司上班路途过远，让我觉得自己的日子过得很悲催。我也看到太阳能和能量储存正在蓬勃发展，太阳能的市场也在慢慢壮大，市场上存在大量需求未得到满足。而且我知道，就算太阳能产品的供应商是由女性掌舵，大企业也不会介意，仍然会购买相关产品。

所以两年前，我放弃了高薪和丰厚的奖金，和一位合伙人创立了自己的公司。我们找了家顾问公司，引进了现金流，而且我们正在开发大型太阳能电池（大到足以为至少3.5万户家庭提供电能），那个领域目前正处于发展之中。我们今年的收入还完全无法同以前的公司相比。但我知道，公司一定会兴旺起来。我感觉最终我能靠自己在经济上取得更大的成就。

> 达纳
>
> 50多岁，企业家

2016年的一天，达纳的公司成立了。美国运通公司（American

Express）的《女性创业情况报告》（*State of Women-Owned Businesses Report*）显示，平均每天有 887 位女性创业。达纳只是她们中的一员。有超过 940 万家公司是由女性创立的，占到了美国企业数的 30%。但这个数字还在继续快速增长，因为女性开设公司的比率是全美平均值的 1.5 倍。

我也是这些女性创业者中的一员，不过我创业的时间要早一点，是在 2005 年。而且我创业的原因与达纳截然不同，我是因为自己被解雇了。我曾经就职于《精明理财》杂志社，在那工作了近 10 年后被解雇了。当年招聘我进杂志社的那位编辑被明升暗降，他的职位出现空缺，于是我申请了那个杂志社的最高职位（但没有成功）。新官上任后希望能先树立威信。于是，我成了杀鸡儆猴的那只鸡。当时的我都惊呆了。

我查看了一番自己的联系人信息，打了几个电话给其他行业杂志的熟人。但我很快就发现，很难甚至不太可能再找到一个能提供相同的薪水、401（k）和奖金，配备同样的办公室和助理的工作了。所以，我问自己：如果我不再全职工作，而是把零散时间汇集在一起，成为自由职业者呢？在零工经济到来之初，我早已经开始众多副业，比如撰写专栏、写书和发表演说。如果我在这方面做更多的工作呢？

"创业吧。"会计边说边递给我一个电话号码。只要花几百美元，打个电话我就能注册成立一家公司。我马上拨打了那个号码。在客服代表问我新公司名称时，我甚至都还没有想过这个问题。身边孩子们的照片给了我灵感，我打算把他们的中间名放在一起，借用一下。我回答说："塞缪尔·班尼特公司（Samuel Bennett, Inc）。"后来，一位同事在多次被问到公司名称的起源后编了个故事，称班尼特先生是亚历山大·汉密尔顿（Alexander Hamilton）时期金融领域的先驱和爱国人士。我自己偶尔也会搬出这个故事。

我开设了公司支票账户，为了随时跟进公司的开销情况，又以公司名义申请了一张信用卡，并且聘请了一位助理。我决定不设办公场所。我的助理也很高兴可以在家办公。我其实不太喜欢在家办公（那样感觉太孤单），但也不想花钱去租办公室。虽然不用和同事打交道，我还是尽量做到每天在现实世界里至少要接触一个人。通常是约朋友黛安一起晨跑。10 年后，我的小公司规模大了一点，开始慢慢发展。我们在 WeWork 共享办公室里有了一个地方，工作内容就是每周一次的播客、HerMoney.com 网站和通讯、针对 200 万 4~6 年级小学生的校内刊物《你的钱》（*Your $*），以及一些咨询工作。现在，如果有公司能提供同上一份工作职务和收入相当的职位，我想都不用想就会直接拒绝。

机会型创业 vs 生存型创业

在听女性创业的故事时，你会发现她们创立的公司各种各样，而她们选择创业的原因同样五花八门。事实上，这些原因可以被归结为两类，分别是"想要"和"需要"。不管是因为想开创市场而创业，还是因为与其他机会相比不得不创业，原因不外乎想要和需要两种。

在商业期刊里，因为这两种原因创业的人分别被称为"机会型"创业者和"生存型"创业者。

斯坦福大学 2017 年的报告显示，生存型创业者通常没有那么大的雄心壮志。他们希望能把握自己的生活和命运，但通常并不是想赚大钱。很多人希望能照顾家庭，而创业可以让她们的时间更加灵活。有些人甚至觉得这个社会歧视年龄较大的人，所以在自己被歧视之前就先走人了。她们想要过舒适的生活，但也受够了自己给自己找理由，遏制自己冲出老板办公室的冲动。

让女性受益一生的理财思维

WOMEN WITH MONEY The Judgment-Free Guide to Creating the Joyful,
Less Stressed,Purposeful （and, Yes, Rich） Life You Deserve

机会型创业者有更远大的志向。她们认为在拿钱创业之后，可以靠自己掌管公司来赚得更多的钱。她们很可能会再聘请其他人帮忙。她们创造了快速发展的公司。她们看到了机会（无人参与或服务不到位的小众市场）并且去追逐机会。

创业者詹尼弗·海曼（Jennifer Hyman）发现有一个市场的利润相当丰厚。海曼的妹妹当时才 25 岁，曾应邀参加一场婚礼。她前往百货商店挑选了一款时髦的连衣裙，不假思索地用信用卡付了款。海曼年长一些，责任心也强。她觉得妹妹的这种行为太过荒谬。"我一直在劝她，"她在 HerMoney 播客上对我说，"我想劝她穿自己已有的衣服。而她告诉我，她不想穿衣柜里的衣服，因为衣柜里的衣服都穿着拍过照了，而且那些照片都上传到了 Facebook。"现在大家更喜欢将照片上传到 Instagram，但在当时该应用还没有开发出来。

对海曼来说，那一刻她"灵光一现"。她意识到妹妹那一代年轻人并不在乎要"拥有"众多事物。他们会轻松自在地订购奈飞公司的服务看电影，或者是订购声破天（Spotify）的服务听音乐。外出时他们就会叫优步或 Lyft，自己有没有车并不重要。而说到衣服，拥有衣服并不那么重要，更重要的是能自信满满地走进房间，知道自己的衣服不会同别人此前的衣服撞衫，自己也不会因此在社交媒体上被怼。

现在，我确信你知道我接下来要说的情况。2009 年，海曼和合伙人詹尼弗·弗莱斯（Jennifer Fleiss）创立了 Rent the Runway 公司。该公司出租出席特别活动所需的物件，并且推出了订购计划，用户每次可以租赁四件日常着装。该公司拥有 1000 余名员工，成员数过百万，而且截至 2017 年，公司已经筹得近 1.9 亿美元的风投资金。海曼出任了公司的 CEO。

生意还是爱好？ 自由职业还是创业

或许你也有过灵光一现的时刻，或许你也常常会有一些出色的商业构想。JJ 兰贝格（JJ Ramberg）是微软全国广播公司周播小企业节目《你的生意》（*Your Business*）的主持人。她是这样解释那种太过于常见的过程的："你和父母、配偶或孩子们坐在一起，然后你说，'我有个想法！'人人听了都很激动，告诉你那个创意太棒了，因此你也深信那个创意非常出色。所以你把时间和金钱都花在那个创意上，你把创意变成了产品或服务，可是却没有人想买。"

关于自主创业，我们有林林总总的幻想。最危险的幻想之一就是菲尔德太太幻想（Mrs. Field's Fantasy）。菲尔德太太幻想就是，我可以做出最出色、最漂亮、最与众不同的太妃糖、多肉花圃、从未有人见过的个性化狗狗画。如果我现在辞职，把精力都放在那个上面，我会暴富。问题在于这个白日梦里有众多假设。你的太妃糖真的是最好吃的吗？或者它只在你家里或你那个小镇里是最好的？全世界的人，不仅仅是明天或明年，而且在可见的未来里都想买多肉花圃吗？如果你辞职，你要创作多少幅狗狗画才能赚到现在的薪水（距离暴富还远得很）？你只靠自己的一双手就能做到吗？

当你把爱好变成工作之后，你还能乐在其中吗？这点相当重要。大家在创业时最常见的一种幻想就是认为因为喜欢做某件事情，所以也会善于经营这方面的公司。但公司经营并不只是提供服务或生产小物件。

假设你是易趣的卖家，卖的是明尼苏达维京人队（Minnesota Vikings）的编织帽。易趣上 88% 的卖家是女性，所以这种转变不能算作巨变。每年冬季，订单数会激增，因为人们觉得你的作品会是送给小

让女性受益一生的理财思维

WOMEN WITH MONEY The Judgment-Free Guide to Creating the Joyful,
　　　　　　　　　　Less Stressed,Purposeful （and, Yes, Rich） Life You Deserve

舅子的最佳节日礼物，毕竟要讨好小舅子实在很难。假设今年维京人队是超级碗（Super Bowl）的夺冠热门队伍。订单快速增加，你如何扩大生产来满足需求呢？你会想扩大生产来满足市场需求吗？你已经做好准备聘请其他编织工或花钱买台编织机器来控制编织质量，然后还要去应对顾客越多，不满意的消费者也越多的现实情况吗？这些都是你愿意应对的情况，还是你只是想做漂亮的帽子，有点额外的收入呢？

如果这个编织维京人队帽子的例子让你觉得没意思，那还有其他数百种方法可以提出同样的问题。你想开设一家餐馆吗？那需要申请许可证，寻找原料供应商，打广告，还要进行市场宣传。或者你只是想要做做饭？你想开设一家走在潮流前端的精品店，展示自己绝妙的时尚搭配？那样就需要订货、开设发票和招募员工。或者你只是想利用自己出色的时尚敏感度来赚钱，比如成为造型师或私人购物顾问？

换而言之，你是将它作为生意还是爱好（或者走中间路线，作为副业）？如果是作为生意，你是想将它发展壮大，还是只想靠自己给自己打工过上好日子？这两种选择不是一回事。如果你自己给自己打工，而且能找到一些可持续合作的客户，那么你就能过上好日子，而且通常比较稳定。打造大公司则完全是另一回事。打造小型或中型公司也是完全不一样的。

如果你不相信我，去看看工资单吧。作为公司老板，工资单一直是让我头痛。如果你自己来编制，那相当耗时间。请人来做吧，费用很高。而且就算是请人来编制工资单，你还要时不时地去看看，免得出错。有数据显示，目前三分之一的公司都会遇到工资单出错的情况，那意味着你可能会因此承受高昂的罚款。而公司经营有各种各样的事情要处理，工资单只是其中一件小事情。

此外，究竟是规模经营、自由职业还是只当作爱好，这个问题没有正确的答案。FitSmallBusiness.com 联合创始人马克·普罗塞（Marc Prosser）表示，问题在于大家不明白三者之间的区别，也不知道自己必须从中做出选择。普罗塞在工作中看到有些人处于矛盾当中。"他们或者伤心自己的公司没有发展起来，或者因为忙碌的生活而感到烦闷。"他说，"你可以对客户有所选择，让自己能够轻松应对，或者你可以努力去打造一家大企业，但鱼和熊掌不可兼得。"

你适合创业吗

成功的创业者都有一些共同的特征。

特征 1：沉迷其中

你是不是整天都在思考自己的构想，都忘记了午餐时间？是不是筹划自己的构想会让你心跳加快？如果你的创业不是为了赚钱，不是为了自由，只是想让世界上有这样一家公司，那么你就是苏珊·奥莉（Susan Oleari）所称的"激情创造者"（passionate creator）。你的态度可以为公司的成功和长久性奠定坚实的基础。苏珊·奥莉是蒙特利尔私人银行（BMO Private Bank）芝加哥地区总裁，在职业生涯中曾经为众多创业者提供资金。

特征 2：敢于承受合理的风险

勇于承受巨大的风险。自行创业意味着你要辞职（风险）、把自己的储蓄投入进去（风险）、聘请其他人（风险）并且筹集资金（风险）。不是所有人都能承受这些风险。如果你不是很有信心，那么先想想后果。达纳来自加利福尼亚州，已经到了知命之年。在创立自己的太阳能公司之前，她先分析了创业失败的后果。"我知道，孩子们的大学都已经安排好了，最糟糕的结果莫过于生活水平下跌，"她说，"我已经做好了充足的准备应对这些情况。"

特征 3：准备随时工作

　　如果你喜欢朝九晚六的工作，而且习惯于准时吃饭，那么创业（至少是创立想要发展壮大的公司）可能并不适合你。克莉丝汀来自西雅图，已过而立之年。她说："让我感到害怕的是工作已经变成一种困扰。你必须全身心地投入公司，而我不想让工作影响到我与丈夫之间的关系，或者是工作占据太多我和家人共处的时间。"她说到了重点。管理新公司就像是养一条小狗，投入多少才能收获多少。就算有些创业者（例如达纳）会力争更多的自主空间，但他们也要投入大量的时间。"我可能每周工作 60 个小时，但在最初的那段时期内，时间不由得我去安排，"她说，"我没法控制太多。"

　　在此必须指出，初创公司这种巨大的时间投入并不会永远如此。在创立每日时讯 The Skimm 半年之后，创始人卡莉·札金（Carly Zakin）和丹尼尔·韦斯伯格（Danielle Weisberg）又可以重新控制自己的时间安排了，并且开始安排时间去锻炼，与朋友、家人聚会，以及远离电子邮件来放松自己。她们意识到，如果自己的身体垮了，无法来经营公司，公司也不可能长久。所以她们要想个办法让公司持续下去。在公司成功经营五年之后，她们仍然在沿用这种经营方式。

特征 4：乐于承认自己也有不懂的地方

对创业者来说，最重要的事情之一就是要承认自己也有不懂的地方，并且愿意去学习，或者是找懂行的人来辅助自己，或者双管齐下。我曾经聘请顾问来给我帮忙，尤其是帮助我快速制定社交媒体战略，因为科技不是我的强项。这并不是说创业者不应该有自我意识，他们应该有。自我和自信是密不可分的。自信的人也可以大胆地说"我不知道"，而且要懂得承认不足不是什么死刑判决。

特征 5：寻求反馈意见并进行调整

求职和职业发展网站TheMuse.com创始人兼CEO凯瑟琳·明斯（Kathryn Minshew）认为这一点是她取得成功的最大因素。她非常成功。该网站目前有120名员工，在2017年募得2000万美元风投资金。"我后来会注意哪些地方会被批评，而哪些地方又得到了人们的夸赞。"她在播客接受采访时说，"数千人会在开始使用该网站后写信给我们说，'我喜欢这个。我此前从未找到过类似的产品'。或者他们会生气地对我们说，'你们可以从五个方面改进这个网站'。这就是非常好的反馈意见。因为人们非常在乎才会告诉你可以如何进行改进，尤其当你本身就想或正计划做那些工作时，这就是很好的迹象，他们是在鼓励你解决他们的问题，满足他们的需求。"

让女性受益一生的理财思维

WOMEN WITH MONEY The Judgment-Free Guide to Creating the Joyful,
Less Stressed,Purposeful（and, Yes, Rich）Life You Deserve

创意论证

有了创意，在投入大量资源之前，你要先验证该创意是否可行。

这意味着你要进行研究。在创立 Rent the Runway 公司之前，詹尼弗·海曼的确深入研究了衣橱中的经济。她了解到，不管收入高低，普通美国人每年会购买 64 件服装。她也了解到，我们衣橱中 50% 的衣服只穿了不超过三次，而且这个比例在过去 10 年一直在攀升。研究验证了她此前的假设，即我们不断想要新衣服，想要不同的服饰。她也了解到，到 2030 年，美国城市居民预计将达到总人口的 70%，衣橱面积将会变得更小。综合所有这些研究发现，你就能明白海曼为什么深信"未来的衣橱"将成为人们在穿衣打扮时选择订购的服务。

有很多方法可以帮助你针对商业案例收集所需的信息。假设你想要开一家烘焙店（这是我长久以来的梦想）。小企业专家马克·普罗塞建议，你可以先以顾客的身份在周边的本地烘焙店里每家待上一天的时间，计算一下人流量，看看他们购买什么产品，这样你就能估算出烘焙店的营收情况。坐在停车场里观察也能够帮助你收集到大量的信息，但你会发现自己不需要那样偷偷摸摸。"人们常常惊奇地发现其他公司的老板会很坦诚地同你分享自己的经验。"马克·普罗塞说。

你所收集的信息将会成为商业计划书的支柱。海曼和其合伙人詹尼弗·弗莱斯就起草了她们的商业计划书。她们两个人在哈佛商学院读书时相识。不过很多创业者并没有撰写商业策划案。

有三年的时间，我每天在天狼星卫星广播（Sirius XM）的《奥普拉和朋友们》（*Oprah and Friends*）频道主持一个小时的广播节目。我采访了无数个创业者。在引导他们说出自己的故事时，我总是会提出两个问题：公司启动投入了多少钱？你有商业计划书吗？第一个问题的答案几乎都是"5000 美元"。就连 Spanx 公司的创始人萨拉·布莱克利（Sara Blakely）在最初也只是投入了 5000 美元开启自己的亿元公司之路。第二个问题的答案几乎都是"没有"。

所以，虽然所有商学院都表示必须起草正式的、格式化的商业计划书，但我认为商业计划书是否必要依情况而定。不过，对于商业计划书上应该阐述的下述基本问题，我也非常认同。创业前必须先弄清楚这些问题的答案。

- 该公司针对的是哪些需求？
- 我们同市场上的其他解决方案有哪些区别？
- 我们的目标顾客是什么？
- 我们如何找到这些顾客？
- 我们的市场有多大？这个市场的发展速度如何？为什么？
- 我们要怎么赚钱？
- 公司的经济账要怎么算：我们如何从亏本到收支平衡，再到盈利？要实现盈利，我们需要投入多少资金？实现那个目标需要多长时间？
- 我们会面临哪些竞争？
- 这些工作将会由谁来完成？
- 未来将面临哪些法律法规上的障碍？

你不仅要有答案，而且答案必须非常详尽。你或许已经认定找到顾客最好的方式就是借助互联网，所以你计划在 Facebook 或谷歌上投放广告。那只是开始，你还要往前更进一步。如果你给自己定的市场宣传预算是 1 万美元，那么你必须知道自己拿这笔钱能够覆盖多少人。马克·普罗塞解释说："只有分析得足够透彻，弄清楚你所在的行业在谷歌上投放广告时每次点击的成本大概要 3 美元，而那些点击又有多少真

让女性受益一生的理财思维

WOMEN WITH MONEY The Judgment-Free Guide to Creating the Joyful,
Less Stressed,Purposeful （and, Yes, Rich） Life You Deserve

正地转化成了顾客，这样你才能算出平均争取到一个顾客要 300 美元。你突然发现自己此前的假设其实并不成立。你此前以为每个顾客的广告成本只有 50 美元。"

此外，所有这些工作并不是全部必须靠自己完成。美国小型企业管理局（Small Business Administration）、小企业发展中心（Small Business Development Centers）、SCORE.org 和女性商业中心（Women's Business Centers）等机构都可以为需要指导的人提供大量免费的企业指导建议。

在针对这些问题寻找答案的过程中，你可能会发现公司的构想行不通，或者创业的想法不适合于你，因为你此前所认为的市场并不存在，你没有启动所需的技能或资本，或者创业要投入更多的时间进行科技开发，而不是与人打交道，但你是一个喜欢和人打交道的人。那些都是相当宝贵的信息。在辞职创业或投入数千美元之前先弄清楚这些事实，意义非凡。这就像大学应届毕业生决定先做几年律师助理，然后再申请就读法学院，但结果却发现自己讨厌律师工作。当然，她投入了部分时间，但避免了三年全职学习和 10 多万美元研究生教育的费用。我想说，她实际上赚了。

筹资渠道

创业需要资金。有时候所需资金量较少，有时候需要较多资金，但你必须弄清楚需要多少资金以及从哪里筹集资金。相比男性而言，女性一般更多地靠自己出资来创业，这一点可能并不让你感到意外，因为就算是在办公室里忙碌了一整天，我们也更多地靠自己去拼车、去洗衣、去杂货店。自筹资金在很多情况下是个好办法，但并不适用于所有情况。我们必须懂得还有其他方法可供考虑。尽管女性采用其他方法的难度要大过男性，但那并不意味着你就不能去考虑那些方法，或者在适当的时候加以尝试。

Investopedia 的数据显示，创业失败的原因中，排名第一的就是缺少资本，即没有足够的钱继续营业下去。约 50% 的创始人在创业失败时将原因归咎于这个。如果创业者们在公司究竟要多长时间才能给自己支付薪水的问题上（更不用说盈利了）更加理性一点，而且有所规划，就不会有那么多人失败了。

你的公司究竟要多长时间之后才能开始盈利呢？这个时间完全取决于公司类型。如果你从律师事务所辞职后开始自己挂牌执业，而当前的客户会跟着你走，那么公司一创立就能够开始盈利。这类公司所销售的是你自身的服务，至少最开始你可以在家办公来降低成本，所以相比而言启动难度要小一些，但通常赚钱的空间也是有限的。如果你想要创立下一个会员制限时折扣店 Rue La La 呢？如果想着从现在开始六个月以后就能够开始从公司领取工资，那太过乐观了。通常会需要两年的时间。正因为如此，在辞职创业之前，你至少要先攒够一年的生活费（也许两年）。

如果缺少这笔钱，你也可以走 Twitter、Craigslist、Houzz、可汗学院（Khan Academy）和其他众多公司的道路。它们最初只是创始人的副业。你继续工作，保证自己有一份收入，白天的时间里竭尽所能工作让老板满意，然后晚上和周末再来忙自己的项目。创业所需的资金可以是你自己的钱，也可以是其他你可以争取来的资金。在有一份工资的同时证实了自己的创意能够继续走下去，这样也能让你有信心辞职，然后全身心地开展自己的项目。

这有一点像跳舞。你只想把开支控制在必须花的钱上但又不想因为

让女性受益一生的理财思维

WOMEN WITH MONEY　The Judgment-Free Guide to Creating the Joyful,
　　　　　　　　　Less Stressed,Purposeful（and, Yes, Rich）Life You Deserve

投入的钱不足而遏制了新公司的发展。正因如此，你会看到创业者们从储蓄账户、养老金账户、房屋、信用卡、小企业贷款、朋友和家人等处来筹钱。

但你会说（听起来非常像广告）："等等，针对创业不是有免费的津贴吗？"是，但也不是。小企业创新研究项目（Small Business Innovation Research，SBIR）的确会提供高达 100 万美元的创业津贴。但这些津贴很大一部分局限于有巨大商业潜力的高科技公司，而且竞争相当激烈。各州也有一些津贴项目，社区也有（你在网上可以轻松地搜寻到），但多数津贴数额很小，而且不是针对所有领域。此外，小企业贷款只有在公司成立多年之后才能申请。从银行获得授信同样也相当困难，甚至有时候用房子抵押也很难。为了得到创业资金，你必须靠自己，或者靠身边最亲近的人。如果是靠身边最亲近的人，一定要三思。和此前曾经给你 2.5 万美元商业贷款的姨妈一起坐在饭店里吃饭，这种场景会让人感到很不自在。你猜测她心里在想，你连一分钱都还没还，又怎么可能有钱点西班牙炒饭。你的猜测没准是对的。下面列举了其他筹资渠道。

其他几类筹资渠道

养老金账户

我是让你从自己的 401（k）账户中借钱来创业吗？不。每天都有女性这样做吗？当然有。所以，我们来说说策略吧。如果你还在给别人打工，而且你的 401（k）由该公司提供，那么你可以用该账户去贷款，无须纳税，也没有罚款。这要比直接从账户中取钱好得多，因为直接提取要缴纳所得税，而且如果你年龄未到59.5 岁的话，还需要承担 10% 的罚款。一般来说，401（k）账户贷款需要在五年内偿还，利率非常公道，而且这个利息实际上是付给你自己的。但你也需要支付一定的成本。当钱从账户内被借走后，它就不会再增值。如果辞职，你必须在 60 天之内偿还这笔款项，否则将会被视作提取。

如果你的是个人养老金账户，而非 401（k），那么长期贷款就不是一个好办法。你可以延期将钱存入个人养老金账户，拿那笔钱周转 60 天，但如果不在那个时间窗口内偿还这笔钱，这笔钱将被视作提取，你必须纳税并缴纳罚款。如果你有罗斯个人养老金账户，而且已经纳税，那么你就可以随时从该账户内提取，不用缴纳罚款，但你从传统个人养老金账户转到罗斯个人养老金账户内的资金除外。尽管你已经缴纳税款，但如果在转移之后的五年内提取，仍然要承担 10% 的罚款。如果你在 59.5 岁之前提取收益，将会面临 10% 的罚款。

如果你们已经 59.5 岁，非常高兴自己不用缴纳罚款就可以提取账户资金了。但请想想，万一创业失败了会怎么样呢？你要怎么来弥补那块退休保障的缺失呢？

房产

和用养老金账户贷款相比，不管是使用房产抵押贷款，还是抵押贷款再融资，都会面临截然不同的风险。用 401（k）账户贷款的时候，只要利率保持在较低水平，你的房产就像是个储钱罐，是一个成本较低的资金来源（不过按照 2017 年的税法，如果住房贷款不是用于整修房子，而是另做他用，则利率不再减免）。如果你的公司经营状况不佳呢？而你的房贷金额还增加了数千

让女性受益一生的理财思维

WOMEN WITH MONEY The Judgment-Free Guide to Creating the Joyful,
Less Stressed,Purposeful（and, Yes, Rich）Life You Deserve

元，还款时间也延长了好些年，你仍然要偿还那笔钱。如果房产价值下跌（在 2007 年时就出现了这种情况），你最终要还的钱可能还超出了房产的价值。

信用卡

2017 年，美国银行旗下的美国信托公司（US Trust）针对高净值小企业进行了调查。调查显示，37% 的千禧一代（占到了所有年龄段创始人中的一半）使用信用卡来为创业提供资金。使用信用卡有利有弊。好处在于，信用卡有航空公司常旅客里程和其他积分，可以提供一年期或更长时间的零利率贷款；坏处在于，零利率贷款只是为了引诱顾客，此后的利率会飙升到 15% 或更高。在最开始，你可以申请的信用卡额度和要支付的利率取决于个人的信用记录，而你的公司当时没有任何信用记录。所以要想提升信用额度，就必须做到以下几点：每次按时还款，不要注销自己不用的信用卡或申请自己不需要的信用卡，保证每张信用卡的信用额度使用率（即你所刷的金额占到信用额度的比例）在 10%~30%，而且所有信用卡的总额度使用率也保持在该水平。如果你创立的是一家塑料公司，做到最后一点的难度可能比较大。但在你的开支增大之前，可以申请提高自己的信用额度。

个人贷款

个人贷款是根据你的个人信用分和收入来确定的。如果你计划辞职来创业，那么一定要在辞职前先申请个人贷款。它们通常和信用卡一样，是无须担保的，这也意味着不一定需要抵押品。如果你无力向出借人偿还贷款，没有人会没收你的公司，而其他贷款不还，他们会收回你的车，或者是没收拍卖你的房屋。不过你的信用会受到影响。个人贷款的利率通常要比房屋抵押贷款这种有抵押物的贷款利率高（事实上，出借人可以在你不偿还贷款时接手你的房屋，从而减少自身的风险），但低于信用卡的年利率。银行、信用社和网贷机构（例如 Lending Club 和 SoFi）都提供此类贷款。一定要货比三家。

小额贷款

小额贷款是面向企业的小金额贷款（小型企业管理局的数据显示贷款金额平均约为 1.3 万美元），通常利率较低。这种贷款旨在帮助新公司起步，有些专门针对女性。小型企业管理局就有小额贷款项目。其他提供小额贷款的知名机构包括 Accion 公司和机会基金（Opportunity Fund），众多州都有初创企业项目。在谷歌上输入州名，再加上"小额贷款"和"女性"，你就能搜到相关项目。

众筹

在过去 10 年里，众筹已经发展成为近 100 亿美元的产业，而《创业企业融资法案》（JOBS Act）的通过更是大幅推动了该产业的发展。该法案允许公司通过众筹的方式寻求投资，扫除了"股权"众筹道路上的障碍。

现在，你不仅仅可以使用 Kickstarter、GoFundMe 和 Indiegogo 这些传统平台，也可以利用一些专门的股权众筹平台，例如 Crowdfunder、EarlyShares 和 Wefunder。使用传统平台时，你可能要给支持者少量奖励以表示感谢。而使用股权众筹平台时，支持者出资后可以得到公司的部分股权。

普华永道的数据显示，女性在众筹方面要比男性更成功。这

让女性受益一生的理财思维

WOMEN WITH MONEY The Judgment-Free Guide to Creating the Joyful,
Less Stressed,Purposeful (and, Yes, Rich) Life You Deserve

种优势是不是令你吃惊？因为女性的宣传词要更加感性，更具包容性，所以也就有了优势。但多数众筹都是以失败告终的。所以，如果选择走这条路线，也必须采取一定的策略。《众筹女王教你如何实现你的梦想》（*The Crowdsourceress*）一书的作者亚历克斯·戴利（Alex Daly）解释说，众筹中的"众"是最为重要的部分。她曾经成功地进行过多次众筹，所以被人称为众筹女王。她在播客上接受采访时对我说，如果发起的众筹没有人参与，"那么第二次也会失败"。关键在于要通过邮寄名单、强大的社交媒体或者其他任何方式来吸引固定的受众投资你要做的事情。你必须不断地去吸引他们。

如果你想通过这种方式筹资，就必须先编写公司资料，讲述自己的故事（简要但要精彩），介绍你的团队，着重介绍公司的发展计划，并且要详细说明投资情况，比如你的目标金额，以及支持者可以得到哪些回报。你也同样会希望制作一段简短的视频，清楚明晰且直截了当地讲述你的故事，去打动和吸引受众。在视频的前 30 秒内，你要说清楚自己的项目 / 公司的情况，以及为什么该公司 / 项目当下具有重要的意义。你要把自己放在首要位置。戴利说："他们肯定会有那么一点点喜欢你。"

银行贷款和风投

在 1988 年之前，女性无法以自己的名义得到资金。你可能有一家利润丰厚的公司，信誉良好，但仍然需要一位年龄在 16 岁或以上的男性做担保人，这样银行才会给你下发商业贷款。是的，荷尔蒙过剩、满脸粉刺，有时候还无法控制自身冲动的青少年都被认为责任心比女性强。这是里根总统干的好事。

现在，你可以自己签署银行贷款申请表，但这并不意味着你就可以得到贷款。都市研究院（Urban Institute）的研究报告显示，女性每年只能得到传统的小型企业贷款（小型企业管理局）的 16%。签署银行贷款申请表也不意味着你可以得到足额的贷款。贷款门户网站 Fundera 在 2017 年对其顾客进行分析后发现，女性申请的贷款额平均要比男性申请的贷款额少 3.5 万美元（包括小型企业管理局的贷款），而且贷款利率更高，所得到的贷款期限更短。

颇具讽刺意味的是，我们常常看到为了将公司的风险降至最低，我们会申请部分贷款。但资金不足（或者说融资额不足）会将整个企业置于危险的境地。最好能力争足额资金，确保自己有一定的空间让公司走向盈利。

在公司连续几年实现一定营收之后，你就可以申请银行贷款，包括小型企业管理局的贷款。那是一个很好的起点。小型企业管理局的贷款是由银行、信用社和网贷机构发放的，但由小型企业管理局提供担保。有了这种担保，出借人能够以较低的利率向企业发放贷款，因为风险不完全由他们来承担。小型企业管理局的贷款额度最高可达 500 万美元（尽管平均贷款额度大约为 40 万美元）。

正因为利率颇具吸引力，小型企业管理局的贷款不是那么容易申请的。大型银行、社区银行、信用社和网贷机构等本身也同样提供小型企业贷款（或小型企业授信额度），这些贷款没有小型企业管理局的担保。小型企业授信额度是指你根据公司日常运营所需来提取贷款，只在动用款项后才需要支付相应的利息。这些贷款的利率通常要更高，所以再次提醒要货比三家。不要忘了还有信用社。在金融危机之后，小企业的资本源通常已经干涸，但信用社仍然在发放贷款。它们的利率通常相当具有竞争力。如果你认为自己不隶属于任何信用社，所以借不来钱，那就大错特错了。在向任何一家信用社借款时，你就可以加入它们。

此外，还有风投资金。如果你真的有一个非常、非常宏伟的创意，那么最终你将会考虑风投资金。这个创意必须非常宏伟，因为风投机构对年增长率为 10% 的稳定型企业不感兴趣。风投机构在寻找能让自身资金增长 100 倍的机会，而且在它们下"赌注"时，赌注不仅仅是下在你的公司上，同时也是下在你身上。

它们通常不会把赌注下在女性身上。数据和研究公司 Pitchbook 的分析显示，2016 年，全球风投资金只有 17% 流向至少有一位女性创始人的公司。只有不到 3% 的风投资金流向由女性担任 CEO 的公司。TheMuse.com 的凯瑟琳·明斯在风投界相当有名，或者说臭名远扬。这种名气不是源于她是成功筹得资金的女性 CEO 之一，而是因为她在成功筹得资金之前被拒绝的次数多达 148 次。阻碍女性的是该行业内存在的种种偏见。风投行业在评估男性时看的是他们的潜力，而评估女性时看的是过去的成绩。这些是有文件记录的。在创业时，过去的成绩是不存在的。而明斯能获得成功，靠的是坚持不懈，是从连续不断的失败中学习怎么进行改变和调整的能力。

她的建议就是，尽可能了解所推销的对象，即具体的投资人。"有些人希望你能马上介绍公司的发展和推动力，"她说，"有些人则希望听听公司创意的来龙去脉。"在这个过程中，你也必须去搭建人脉网络。在刚刚着手寻找风投资金时，明斯在科技界认识的人寥寥无几。所以，她开始参加本地的各种活动，将自己介绍给社区的其他创业者。"他们可以将我推荐给投资人，"她说，"那比在一些聚会上做第八个缠着投资人的人要好得多。"而且她建议要清楚自己最擅长的地方，将这作为卖点。"所有投资人可能都会看五个方面。在某个方面做到 100%，比在各个方面都只能做到 70% 要好得多。"所以，你打造的出色技术是什么？有专利保护吗？是否存在巨大的机会？你的团队怎么样？你的营收呢？用户增长情况呢？在融资的种子轮，明斯在推销中（一再反复推销）将重点放在了用户增长上。"我们不遗余力，让我们的资料看起来相当吸引人，最终人们不得不关注到我们。"她说。

▌理财思维小结

- 创业一般有两方面的原因，或者是想要创业，或者是需要创业。你必须弄清楚自己创业的原因，而且即使不起草商业计划，你也必须能回答如何取得成功和为什么会成功这两个问题。
- 在公司创立的前几年里要为公司筹资，很大可能要靠个人资源（你的信用卡和房产）或熟人（通过众筹的方式）。小心行事。
- 有了多年的成绩之后，你也许能够申请和获得银行贷款。如果公司发展较快，也可以去争取风投。

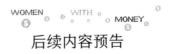

后续内容预告

　　女性想要安全感，而买房是获得安全感的重要方式。买房的可能性非常大（而且单身女性买房的情况并不多），但你应该像进行其他投资一样，三思而后行。想买第二套房时这点尤甚。如果电视频道让你动了买套房子稍做装修再卖掉的心思，那也是可行的。

第 8 章

房地产投资

撰写本章内容时，正值三月初一个寒冷安静的周六早晨。昨天，我们经历了一场东北风暴，风速达到每小时 60 英里，大风夹杂着雨和雪。有人称那是"炸弹气旋"，其本质就是冬季飓风。第二天凌晨 6:03，狗狗将我推醒。大概在我昨天睡着之后的某个时候停电了，家里的发电机开始工作。而我睡得很香，一点都不知道。起床，冲杯咖啡。打开笔记本电脑，坐到舒服的椅子上。

我觉得很舒服，因为这里是我的家。

在看清楚第一段婚姻即将破裂之后，我开始到处找房子。我决定自己搬出去。那栋房子太大了，我不敢一个人住。此外，去争那栋房子似乎也不太公平。前夫比我更喜欢那栋房子和房子所在的那块土地。

我可以租房子，可能也应该去租房子。当时是 2005 年初，房地产泡沫已经吹得很大，房子相当紧俏。房子挂牌出售一两天后就会被抢购。从钱的方面来看，租房无疑是最明智的选择。但我认定，如果孩子们跟着我，那么他们也想要与他们爸爸在一起时一样，有家的感觉，有自己的房间。而且在我心里，只有买房才能有家的感觉。可见，当时我的脑子并不是处于最清醒的时候。

我的需求非常明确，房子必须在同一个学区，不能超出我的承受能力，而且房子必须很舒适。我当时非常喜欢建筑师莎拉·苏珊卡（Sarah Susanka）的作品。她在 1998 年出版了《房子不用大》（*The Not So Big House*）一书。此外，我当时也相当沉迷《村舍生活》（*Cottage Living*）杂志，可惜该杂志存在时间不长。这两本书都着重介绍了美丽的英国科茨沃尔德镇（Cotswold）和那里的手工艺，那里的房子会有一些不打眼的小角落和小空间，人们可以蜷缩在那里读读书。我可以找一栋这样的房子。

正如我此前所说的，我在 2005 年买了一栋带三个卧室的后现代殖民地时期式样的房子，房子挑高很高，而且装有花哨的大理石板壁炉，但这栋房子也有值得加分的地方。它位于一个封闭式社区，所以不用去扫雪，不用修整草坪。而且我最终发现，邻居们都相当不错。但在那时，这栋房子给人的感觉是又大又空，普普通通，就像是组装的。

我开始去查看苏珊卡的网站，然后根据她提供的参考资源清单，在旁边城镇找到了一支装修队（实际上就是一对夫妻），请他们进行装修。我给出了具体的预算，但要求只有一条，就是把房子装修得舒适一点。在接下来几个月里，我们的确携手达到了那个要求。车库本来太长，现在变成了功能性的前厅，里面安装了抽屉和挂钩，可以把乱七八糟的东西都藏起来。起居室里设置了儿童游戏室和小角落。我们挑选了一个长沙发放在餐桌的一边。我的卧室则按照电影《爱是妥协》（*Something's Gotta Give*）中戴安·基顿（Diane Keaton）的卧室来进行布置，它成了我的安乐窝。要知道，2005 年时，谁会不想要戴安·基顿的那种卧室呢？

在这个过程中，我找到了自己的风格。让我惊奇的是，这个房子显得精致简单，一点也不花哨烦琐。其风格更像是中世纪现代风，而不是法国乡村风。我喜欢艺术，而事实证明，艺术也会说话。我喜欢按照颜

让女性受益一生的理财思维

WOMEN WITH MONEY The Judgment-Free Guide to Creating the Joyful,
                  Less Stressed,Purposeful （and, Yes, Rich） Life You Deserve

色来摆放书籍。孩子们现在都已经离开家，我很想他们，但房子并没有因此显得太大、太空荡。我待在家里时觉得非常开心和幸福。

我说这一切并不是想要卖掉房子赚钱。不卖不是因为我最初付出的价格过高。如果我要将这栋房子出售，最多能做到不亏不赚。在计算出售的成本时，还要加上最初的装修费，以及后来的地下室修整费用、两年后换新屋顶的费用和 9000 美元发电机的费用。但所有这些并不意味着我后悔购买了这栋房子，我只是借这个话题来进入接下来的讨论，即购买自住房和房地产投资。

为自己买下自住房（刚需房）

多年来，我们被告知住房是我们最大的投资项目。这句话在很大程度上没错。我们的父母和祖父母没有 401（k）账户和其他养老金账户。住房价格从 1968 年到 2004 年平均每年上涨 6.4%（在全美范围内，这段时期内房价始终保持上涨态势），所以住房是很多人最好的投资。将辛辛苦苦赚来的钱投到住房上，这让我们感觉很棒，太厉害了！

房价此后开始趋平。2007 年，房地产泡沫破灭。在接下来的四年里，房价下跌超过了 30%，我们开始质疑住房究竟是资产还是负债。拥有住房算是财富增加吗？或者房价不会再涨，而你必须继续往房子上砸钱，那么房子是否会成为一种负担？

这个问题的答案因房子所在地的不同而不同。布鲁克林那些时髦人士坚持持有一个曾经荒芜的小区的房子，那里现在各种酒馆星罗棋布，他们的房子因此已经涨价数百万。而在拉斯维加斯、劳德代尔堡（Fort Lauderdale）或威斯康星州基诺沙市（Kenosha），那里的房价仍然比经济衰退前的房价顶峰低 15%~20%。有很多人目前介于这两种状况之间。

所以，房子究竟是资产还是负债呢？对这个问题，我的答案就是"两者都不是"。对多数人来说，主要的住所（也就是你正在偿还贷款的那套房子）就是在强迫自己进行储蓄。

互联网上有很多计算器可以告诉你究竟应该买房还是租房。这些计算器建立在房租低于月供的假设上，那么你可以租房，然后拿省下来的钱去投资。这些计算器的设计者难道就不认识其他人类吗？我们都知道，任何余钱更可能被花在百货公司，而不是证券公司。

在偿还住房贷款时，那笔钱是用来为下一个住所做准备，也是为生命后期的其他目标提供资金。你在本章节的最后部分可以了解更多关于融资方面的信息。人类天生就不善于存钱，所以我们要使用某些方法来迫使自己去储蓄。因此，买房在这个方面是相当有用的。

当然，有时候买房并不一定有意义。如果你还没有想好在哪个地方居住至少五年的时间，那么请租房。如果你要从自己的永久居住地搬到另一个州或另一个社区，可以先租房进行试验，直到你确保自己真的喜欢新地方，而且如果你的钱另有他用，租房的价格又更便宜，那么租房也同样更有意义。

在收养儿子后不久，40 多岁的凯思琳卖掉了自己在布鲁克林的房子，拿着一大笔钱搬到了郊区。她本想买栋房子。她说："我一直在寻找中意的房子。"但现在她推迟了买房的计划。"我是一个单亲妈妈——真正意义上的单亲妈妈，我没有结过婚，"她说，"我要承担 100% 的经济压力，所以要多留很多现金。"

投资公司 Betterment 的行为金融学和教育总监丹·伊根（Dan Egan）非常认同凯思琳的想法。如果买房意味着没有钱再存入养老金

让女性受益一生的理财思维

WOMEN WITH MONEY The Judgment-Free Guide to Creating the Joyful,
Less Stressed, Purposeful (and, Yes, Rich) Life You Deserve

账户了，那就不要买房。"相比同等条件的单身男性而言，女性拿着自己存下来的一大笔钱去交房子首付的可能性更大，"他解释说，"很难说这是个糟糕的决定，但当你把钱全部放到一套房子上，这就是一种集中投资，会因此背负上巨大的成本和高昂的税金。"

切记这一点。不过如果你可以存养老金和还贷款两不误，那么我还是推荐买房，聪明地买房。买房的时候，你在计算房价时不仅要算房子的抵押贷款、保险和房产税，还有每年 1%~2% 的维护、家居成本、水电煤气等费用，以及草坪修整和其他准备外包的维修费用。理财顾问克莉丝汀·沙利文（Kristin Sullivan）指出，房子越大，你针对该房子的装修计划也就会越庞大。"你装修时不是为了投资，而是为了享受。所以要想清楚，"她说，"如果你买大房子是因为自己喜欢请客，那么要明白你的其他开销也会跟着增长。你的各种开销都会变大。如果你还没有存够养老金，到那时候就已经很难打退堂鼓了。"

此外，我请大家想想在退休前还清贷款的事情。我知道这件事情有点激进。有些人会提出不同意见。他们会告诉你，房产抵押贷款利息不高，而且抵押贷款很大一部分可以免税。过去的确是如此，但利率正在上涨。他们会说，如果你用自己的房子去贷款，比如说 4%（大概税后是 3%），然后拿这笔钱去市场进行投资，假设投资收益为 8%（税后约为 6%），你还可以赚得 3%。你没法从其他途径获得这些钱。对此我想说，等到退休的时候，当我的收入会下跌而不会上涨，但我有自己的房子，没有人可以从我手中夺走时，我会睡得更安心。

关于房产抵押贷款利息免税的问题，2017 年的税法将利息可抵扣税款的房产贷款额降至 75 万美元（如果已婚且夫妻双方分开报税，则为 37.5 万美元）。如果你的房产购于 2017 年 12 月 14 日之前，则可以继续沿用此前 100 万美元的标准。如果你此前利息可抵税的住房净值贷款为 10 万美元，美国国税局已经明确指出，只要这笔钱是用于修缮住房，而不是用于比如说偿还信用卡，那么你仍然可以享受到抵税。这样免税有意义吗？当然有。但它仍然意味着你背负了债务。正如夏威夷房地产开发商亚伯·李（Abe Lee）所说的："尽管你付了 1 美元的利息可以得到 35% 的免税，但实际上你仍然还要支付 65% 的利息。你还是欠钱。"

购买第二套房或度假屋

买第二套房有点类似于生二孩。你甚至都不知道自己要不要，事实上，你可能认为自己正在全力对付第一套房，脚步尚且跟跄。但有一天你醒来，一切就那么发生了。第一套已经让你经历了所有的第一次，比如第一次午夜屋顶漏水，第一次当整个一楼的墙漆变得不像灰色而像淡紫色时的懊悔，第一次有人倒车（但愿不是你）撞了车库时的那种恐慌。现在，你要为这一切将再次重演而感到激动。你为自己可以更好地处理这些事情而感到兴奋。

你可能会马上着手干起来。但在行动之前，一定要明白第二套房是完全不同的这种情况。不仅仅因为你不能再用房贷利息抵税（尽管你此前拥有的第一套房享受了这种特权）。"我的第二套房位于山区，那是我有史以来最糟糕的一项投资。"理财顾问克莉丝汀·沙利文说。我丈夫常常说除了娶我之外（我估计你们在看到这句话时会翻白眼，我自己就是如此），我们在泽西海岸购买的房子是他最聪明的选择。事实上，那可能只是一个不好不坏的选择。

想买第二套房主要是出于四种原因。

让女性受益一生的理财思维

WOMEN WITH MONEY The Judgment-Free Guide to Creating the Joyful,
Less Stressed,Purposeful（and, Yes, Rich）Life You Deserve

1. 你想要一个自己能常常去享受独处的空间。

2. 你想有一个地方能偶尔小住，或退休后常住。

3. 你觉得能将房子出租赚钱或者房子会升值。

4. 你同奥普拉一样富有，手里的房产不止两套，而是大概 17 套，而
   且每一套都不是独栋，而是大院落。

让我们将奥普拉的这种情况放一边，看看另外三个原因。

原因 1：你想要一个自己能常常去享受独处的空间

大概 10 年前，我和丈夫在新泽西州长滩岛购买了第二套房子。每
年从 5 月份到 9 月初，我们会每个周末去那里住，有时候也会待整整几
周。在比较寒冷的月份里，我们会时不时去那里住一下。到每年 2 月
份，我丈夫通常就会念叨："我都忘了我们还有一套房。"克莉丝汀·沙
利文则和我们完全相反。她在山区的那套房主要用于滑雪。"往多一点
说，"她说，"假设我一年在那里待 15 个周末，其他时间也都是空着的。"

不管房子是用来避暑还是过冬，费用都是按年来算的。你必须偿还
贷款，必须承担业主协会会费、水电燃气费、有线电视费和其他种种费
用。当你不在那里住的时候，还要出钱让人帮你打理自己的房子 [全美
房地产经纪人协会（National Association of Realtors）的数据显示，度假
屋的主人通常都生活在 200 英里以外]。即使你花 10 万美元购买了度假
屋，然后又作价 30 万美元将它出售，你在计算自己的盈利时还必须扣
除其他种种费用。尽管最近数年里平均房价一直保持着上涨的态势，但
房子并不一定会增值。

全美房地产经纪人协会的数据显示，2016 年，第二套房的购入价
平均为 20 万美元。人们在购买第二套房时最畅销的是海滩房，其次

是湖滨房，排第三的是乡村房。例如，2016 年，尽管全美度假屋的价格平均上涨了 4.2%，但在长岛时髦的汉普顿斯地区，价格下跌超过了 7%。当经济下行，度假屋的价格下跌速度要比普通住宅快，跌幅更大，这不无道理。如果资金吃紧，而你要同时偿还两套房的贷款，其中一套房是刚需房，你多数时间都住在那里，那么这时你肯定会想着把第二套房出手。

度假屋业主如果不将自己的房子出租，有时候会感到内疚这个问题。有了度假屋后，你就容易觉得不应该花钱去别的地方度假。"在经历了这种情况后，我的确不鼓励人们购买度假屋，"沙利文说，"我更支持季节性地租房。那样的费用只有购买并维护度假屋的一部分，而且更加灵活。"

我也经历了那一切，可是我的意见截然不同。是的，我们暑假不会去其他地方度假，但我们并不介意。最好的建议就是在购买度假屋之前先弄清楚，你是会像沙利文还是会和我一样。长期租房是一种解决方案。在长滩岛买房之前，我们连续四年的 8 月份都租房，为的是确保处理一切问题都只需要 2.5 到 4 个小时的交通时间。这主要取决于我们的坦诚程度，以及交通情况，因为那里没有大型杂货店，没有电影院，给人悠闲懒散的感觉。我们希望孩子们在那里也同样感到舒适自在，希望朋友和家人会到那里去玩耍。在体验之后，我们才着手去买房。

原因 2：你想有一个地方能偶尔小住，或退休后常住

在我这个年龄，"佛罗里达州"这几个字出现在对话中的次数越来越多。谈到佛罗里达州不是因为"我们带孩子们去趟迪士尼，给他们个惊喜吧"，而是因为"我们要去看看父母，然后自己也去看看那里的房子"。不说佛罗里达州，也可能是亚利桑那州、加利福尼亚州、南北卡

让女性受益一生的理财思维

WOMEN WITH MONEY The Judgment-Free Guide to Creating the Joyful,
Less Stressed, Purposeful (and, Yes, Rich) Life You Deserve

罗来纳州或其他地方，具体取决于你生活和工作的地方。但不管是哪里，道理都是一样的。你开始认真思考自己的下一个阶段，但在同时也不知道现在涉足房地产市场是否明智。

可能会是明智的选择。在退休前购买一个退休后养老的地方，从经济方面来说，有几个好处。你还在工作，所以在申请房地产贷款时更容易通过资格审查。你能更轻松地偿还贷款甚至是还清贷款。你还没有完全住在那里，所以还有时间去了解那个地方，有机会确定是否需要进行改造或翻修，并且趁搬入之前完成那些工作。而且你能去判断那里的生活成本。因为你还在工作，也就有机会决定提前或延迟退休，直到确保自己已经有足够多的养老金了。

为此对购买第二套房进行实地测试要比对度假屋的实地测试更重要。而且实地测试必须有比较长的时间，几个月好过几周，而从实际一点的角度出发，几天是完全没用的。如果整个实地测试感觉像是在度假（你既没有体验过下雨，也没有体验过生活之无聊），那说明你待的时间还不够长。我听过太多人退休后跑到亚利桑那州南部城市图森（或其他任何地方）生活，却发现那里的人和自己不一样，饮食也不同。切记，这不是找个你能常常去休闲放松的地方。那里要有良好的医疗卫生条件，能便捷地获得各种服务（你现在可能无需日用品、外卖，但未来可能会需要），既有文化和娱乐环境，还要有交通运输系统。

在买房时还有另一个重要的考虑因素，即房子大小。你可能认为孩子们、甚至孙辈们都会来这个新安乐窝做客，所以房子要有足够多的卧室，当他们同时到来时能住得下。现实一点吧！大家真的会一起在那里待一段时间吗？或者他们只是来了又走？是否值得为了每两年那一两周共处的时间购买一套大点的房子，还要去装修布置，要全年去维护？或者找家酒店住几天，然后大家在你的房子里一起吃饭？

理由 3：你觉得能将房子出租赚钱或者房子会升值

随着爱彼迎（Airbnb）、HomeAway 和 VRBO 等网站的发展，将度假屋出租来赚点外快变得比以前简单了。但简单并不意味着轻松，你要考虑相关的税法。我们来算一算吧。

如果你的房子出租时间不超过 14 天，那么你可以拿着那笔钱（钱数不限），无须在报税时将它作为租房收入记录其中。如果你的房子出租时间超过 14 天，那就涉及报税了。美国国税局会如何来处理这笔业务，具体取决于那套房子的自用时间。如果你自己只住了 14 天（或者出租时间的 10%），那你每年的纳税金额中可以扣除自己的租房费用和最高为 2.5 万美元的损失。如果你自用的天数超过 14 天（或者出租时间的 10%），那么你的租房费用可以扣除，但不能扣除损失。如果那 14 天似乎不够，请注意，花在物业维修维护上的时间没有计算在内。大家都知道，业主们会利用那些时间来避税。

还有其他比较复杂的东西。旺季是最赚钱的时候，可那时或许你也正想自己使用该房子。房子所在地区是另一个重要的问题。你所在的城市和业主协会允许短期租赁吗？你是否需要申请经营许可证？你是否必须缴纳营业税？要想保证出租率，就要调查市场以制定有竞争力的价格，确保房子在下一位租客搬入之前得到清扫和整理，积极回复咨询租房信息的电子邮件，还要解决各种出现的问题。

事实上，你或者要自己投入大量时间来管理该物业，或者要聘请他人帮助你做这些事情。SparkRental.com 创始人丹尼斯·萨普利（Denise Supplee）提醒大家："短期租赁格外难，要投入大量的精力。"SparkRental.com 致力于帮助房东实现出租流程自动化，丹尼斯·萨普利本人曾经担任过物业经理。

让女性受益一生的理财思维

WOMEN WITH MONEY The Judgment-Free Guide to Creating the Joyful,
Less Stressed,Purposeful （and, Yes, Rich） Life You Deserve

房产投资：翻新转卖

我们来玩个游戏。我会说几个名字。听到这些名字，你马上会想到什么？

- 乔安娜·盖恩斯（Joanna Gaines）；
- 德鲁·斯科特（Drew Scott）；
- 克里斯蒂娜·穆萨（Christina El Moussa）。

如果你想到的是人们梳着精致的发型坐在精致的家中，那恭喜你，你是 HGTV 频道的忠实观众。如果你想到的是拼接木板，那你可能就是该频道的铁粉了。

但不是只有你一个人这样。2012 年，该频道在人气最火爆的电视频道中排名第 16 位。2016 年 7 月，该频道曾经是人气最旺的频道。探索传播公司（Discovery Communications）在 2018 年初以 120 亿美元的高价收购了该频道，外加其有线电视兄弟频道——食品频道和旅游频道。该频道的人气正是促成收购的原因之一。它最受欢迎的节目之一《外婆之家》（*Flip or Flop*）（由上文所提到的克里斯蒂娜·穆萨和其前夫塔里克担纲出演）在拉斯维加斯、那什维尔、芝加哥和亚特兰大等地都有衍生节目。而且正如大家所想的，该节目有望走向全美。

事实上，翻新房（在 12 个月内被出售两次的物业）并不是一样新事物。在房地产泡沫破裂之前，快速翻新并转卖曾经相当流行，在泡沫破裂之后逐渐减少，但后来又强势回归。翻新房的数量在 2016 年和 2017 年达到新高。跟踪房地产行业发展的阿托姆数据解决方案公司（ATTOM Data Solutions）表示，事实上并没有太多糟糕的物业需要被装修一新再转卖，这也挤压了后来的利润。是的，这意味着事情并不像电视上看的那样轻松简单。

但这也并不意味着其中无钱可赚。2017年第三季度翻新转卖的房子平均毛利润为66 448美元。切记，这只是毛利润，没有算你的人造石台面，没有算你在地下室用的石棉。BiggerPockets.com是针对房地产投资者的教育网站。该网站设计经理明迪·詹森（Mindy Jensen）20年来一直在买房、装修、卖房。她和丈夫购买房子，然后自己动手对房子进行修缮，在此期间就住在那套房子里，然后两年后再将房子出售，以规避资本利得税。"卖出时感觉太棒了，"她说，"但卖出之前的日子真是麻烦。"

挑战还远远不只那些。"现在，要找一栋房子能翻新后转卖非常难，因为人人都想去翻新房子。"她解释说，"要找一个承包商在预算范围内按时按质完成工作，那几乎是不可能的事情。选两家，你不可能同时找到三家。"詹森学会了自己动手做很多事情，因为太难找到承包商了。

项目需要投入多少精力和金钱呢？弄清楚这个问题需要一个过程。"房子如果大量采用深色油漆，地毯丑陋不堪，橱柜太旧，这些都不是很难解决的问题。"她说。动墙则是另一回事。与此同时，你还要当心不要在小区内将房子修葺得太好，那样就难以收回投资。"如果你的竞争对手都使用人造石台面，或许你就不用花钱去购买花岗石台面了。"

最后，尽管HGTV的主持人中女性居多，但你应该知道，翻新房并不是女性专属的领域。BiggerPockets网站的使用者中大约70%为男性，30%为女性，这在该领域是比较典型的。"所有承包商都是男性，其中有些比较年长。他们会因为你是女性而根本瞧不起你，或者认为你压根不懂自己在要求些什么。"詹森说，"买股票就只是买股票，而投资房地产，尤其是要你动手较多的话，就会碰到一些确实粗鲁无礼的男性。"

房产投资：长期持有

如果购买和翻新房子可以让你快速致富，那么购买公寓或住房用来出租则是龟速致富。但只要选对了房，买房出租可以为你在退休前和退休后提供稳定的收入流。

莎伦·沃霍特（Sharon Vornholt）是房地产投资人，管理着路易斯维尔加尔斯房地产博客（Louisville Gals Real Estate Blog）并负责为该博客撰稿。她并不鼓励大家放弃自己的养老基金，但她的确也试图培养另一种思路。她问道："要过上自己想过的生活，你需要多少已经付完全款的房子来提供被动收入？"换言之，你每个月想要或需要多少收入来维持自己的生活？"在肯塔基州，如果你有套普通的房子，即三室两卫的牧场式住宅出租，那么每个月可以获得 1000 美元的纯收入。如果你在退休时有 10 套这种房子，那么你每年除了此前存下来的养老金之外，额外还可以有 12 万美元的收入。"

当然，这番话听起来似乎太过容易。你还要去了解筹措资金的方法、租赁协议的合法性以及物业维护和管理的复杂细节（不管是自己动手还是雇人打理）。其中当然也有风险，不仅仅是厕所午夜溢流这类问题，还有房子空置难以找到租客，以及租客欠租却赶不走等问题。不过总的来说，SparkRental 的丹尼斯·萨普利鼓励其他女性尝试买房出租，她本人就有几套出租房。"如果能找到合适的租客，基本上就是他们在帮你付贷款，他们帮你付税，他们帮你承担开支，所以你什么钱都不用出，但你的物业资产在增加。是的，这个过程中肯定也会出现问题，不过你可以采取一些方法将这些问题减到最少。我想说，这是双赢。"如果你要走出一条路，那请听听我的几个建议。

投资出租房屋的原则

- **明确自己的目的。**很多人购买出租房屋是为了资金流或收入流，有些人则是为了等着房子升值。假设那也是你进入该市场的原因。如果你是为了等房子升值，那你要选择发展中的市场，或者至少是发展中的小区，最好发展速度较快。现金流相对而言要更容易实现，你可以以8万美元的价格购买一套住房或公寓，然后每个月收取800美元的租金。即使你在10年后仍以8万美元售出，你仍然有9.6万美元的收入，而且大部分抵押贷款已经还清。

- **加以学习。**房地产投资有其专属的一套语言。你必须懂得从房产税到空置率，再到资本支出（很少发生的大修，比如新屋顶）等一切名词，还要知道怎么计算。对租户进行筛选时要检查他们的信用记录和就业经历，这件工作相当有难度，但可以避免众多以后会让人头痛的问题。如果不想自己做这些工作，就必须找一位信誉良好的物业经理来帮你完成。有些总承包公司将这些服务打包了，它们不仅仅会帮助你管理物业，也会帮你寻找投资对象。但请注意，这些服务都会收取较高的费用。费用过高也是一个问题。

- **最开始先找距离自己住所一小时车程内的物业。**你一般对家附近的地区了解多一些。这对很多事情有所帮助，比如找管道工人或电工。在线对物业进行研究，然后驾车一个小区一个小区地考察、感受一下。这样也便于你去查看一下自己投资的物业，确保草坪得到了修整，或者落叶都得

让女性受益一生的理财思维

WOMEN WITH MONEY The Judgment-Free Guide to Creating the Joyful,
Less Stressed,Purposeful（and, Yes, Rich）Life You Deserve

到了清扫。丹尼斯·萨普利提醒大家不要因为价格便宜就被冲昏了头。"第一次进行投资的人一般会喜欢去争相购买最便宜的物业。通常情况下，这种房子都在不太好的小区，而对于新手来说，那不是好的选择。"

- **遵循 1% 的原则（或者坚守当地标准）。**房子每月的租金应该达到买房支出的 1%。假设房价是 10 万美元，则每月租金应该为 1000 美元。在美国中部，这个标准不难达到。但在丹佛这类比较热门的市场和东西海岸，难度相比就要大一些。不过正如 BiggerPockets 播客上的主持人们常说的，只要出租房距离你的居住地在一个半小时车程之内，你基本上就能遵循 1% 的原则。

- **切记：你自己不住在那里。**购买住宅或公寓出租给他人居住同购买自住房不一样。你想租给什么样的人？是独居者还是没有孩子的夫妻？这样，一两个卧室就可以了。如果你想租给一个家庭，就至少要有三间。

- **利润再投到这些房子上。**在偿还贷款的过程中，如果租金收入（扣税之后）超出了还贷金额，那么多的钱应该存起来，再用到这些房子上。就算你在第一年不用维修房子，最终还是会存在这笔开支。

- **根据自己的退休目标制订时间安排计划。**假设你希望这些房子能补充自己的养老金。如果你在 40 岁时买下第一套出租房，希望能在 20 年内还清贷款。当你开始逐步减少自己的全职工作时，这些房子可以给你很好的帮助。

- **找几位优秀的导师。**线上线下有大量高质量的房地产投资信息，也有很多人愿意手把手地帮助你。房地产投资协会或俱乐部（很多城市都有）可以是敲门砖，能通过它们找到那些人，也能通过它们找到律师、会计和物业经理。请注意，有些俱乐部的目的是帮助他人，有些俱乐部的目的是向你销售如何买/租/翻新房子的高价课程。所以，务必小心。

筹措资金

买房是一个有趣的过程，你要去浏览挂牌待售房屋清单，要在房子开放日去参观考察，也要去打探房子背后的情况。那为买房筹措资金呢？这个过程就不那么有趣了。不过切记，它一样非常重要。我们在本章节中已经探讨过四种不同的物业类型，购买这些房子的筹资过程也有所不同。以下仅供大家参考。

- **第一套房（自住房）。** 在购买第一套房时，首付最低只有房价的 3.5%，只是一些传统的出借人仍然要求首付达到房价的 10% 或 20%。第一套房的贷款利率是这几种物业中最低的，因为它们的风险相比最小。在蹚进借钱这滩"浑水"后，你会竭尽所能去偿还贷款，因为它能保证你头顶有片瓦帮你遮风挡雨。在寻找贷款的过程中，你应该去银行、信用社和网贷机构看看。你会被要求做几个决定。你想采用固定利率还是浮动利率（或者调息按揭）？如果你打算永久地留着那套房，那么通常可以选择固定利率贷款。如果你打算 5 年、7 年或 10 年后搬走，那么选择调息按揭，前面 5 年、7 年或 10 年利率固定，此后再

让女性受益一生的理财思维

WOMEN WITH MONEY The Judgment-Free Guide to Creating the Joyful,
Less Stressed,Purposeful（and, Yes, Rich）Life You Deserve

开始调整。如果你选择固定利率贷款，那么你是想贷 30 年还是 15 年？贷款 15 年，每月还贷金额可能会高 20%，但可以帮助你大幅节约整体利息支出。如果承受得起，那么这个选择可能更好。如果你预计在大概 15 年后退休，那么你应该选择这种方式。

- **第二套房**。第二套房或度假屋的首付要求更高，通常至少是房款的 10%，一般是 20%。约 20% 的买房者会抵押自己的首套房来购买第二套房（这点需要细细思量，房地产泡沫的破裂曾经给过我们教训）。第二套房的利率通常要比首套房高，但并不是绝对的。贷款前应该同第一次买房贷款时一样，要认真地寻找合适的贷款机构。但不同于第一套房的放贷，贷款机构也想看你手中是否在其他地方持有足够多的现金，足以让你在失业后能继续偿还几个月到半年的贷款。

- **出租房**。首付至少要 20%，有时候更高。投资型房产的贷款利率通常要比第一套自住房的利率高一到三个点，而且你还要额外支付 1% 的费用，即"点数"。名下的物业越多，贷款的要求就越严格。房利美公司的项目允许借款人的名下同时有九笔房产抵押贷款，但要求首付款为房款的 25% 至 30%，储蓄账户里的现金至少为六个月还款额，而且信用分至少为 720 分。

- **翻新转卖房**。翻新转卖房的市场风险更大，利率相对也要高出不少，已经突破了两位数，额外还要支付点数。对于翻新房的投资者而言，银行并不是主要的筹资对象。他们主要的资金源是其他翻新房投资者。在投资翻新房之前先向你所在地区的房地产投资者学习，观察翻新房的交易流程，并且计算一下损益。

理财思维小结

- 对当今的女性而言，拥有一套住房意味着有了很大的安全感，这和婚姻状态无关。还清住房贷款是正确的方向，因为现在累积资产就意味着退休后又多了一笔养老金。
- 在财富累积的过程中，不管是度假房还是留待退休后居住，拥有第二套房可能会成为你的待办事项。如果你打算将那套房子出租，就一定要注意相关的税务规则。
- 如果你考虑买房出租或者是买房翻新后转卖，就一定要花点时间去认真了解和学习相关的市场。买房出租可以为你提供不错的收入源，而买房翻新后再转卖可以让你赚得丰厚的利润进行再投资。不过这两种都可以成为全职工作。

后续内容预告

除了存钱、投资、购买住宅等房产等着升值之外，拿着钱还能干什么呢？我们可以花钱！研究显示，花钱让人喜忧参半。是时候释放我们内心的消费欲望，享受花钱的快乐了。

第 9 章

会赚钱，更要会花钱

我花钱是因为……我有这个能力。花钱给人的感觉棒极了。真的，我不用担心自己的银行账户，这真令人激动。我可以买那条 300 美元的裙子，小菜一碟。我也是经过漫长的道路才走到今天的。

安娜

50 多岁，电视制片人，离异

我们有时候在家里会说："我工作就是为了这个。"之所以那样说，是因为我们花了大价钱去买音乐剧《汉密尔顿》(*Hamilton*) 的票；之所以那样说，是因为我们决定叫车去机场，省得劳神去开车。我把头发吹了做了造型，尽管并不会出席任何特殊场合。这时候，我也会对自己说那句话。

我承认，这本书中有段话还是让我在购物时有所犹豫。那段话在讨论养育孩子的那个章节里，你们还没有读到那里。那段话讲到，如果不希望孩子们变得金钱至上，你就不要为了寻求开心而去购物。现在我承认，我购物就是为求开心。对我而言，购物很有意思。看一看，摸一摸，再试一试，就算什么都不买，这样一个下午也会让我觉得很开心。我说出来了，这样感觉好多了。

奇怪的是，对花钱这件事情争议颇多。《金钱》杂志 2014 年对关于"爱情和金钱"的调查显示，情侣在为钱吵架时，乱花钱是最大的导火索。他们会谴责对方花钱习惯有问题，却没有去反省自己。这可能是因为在分析自身和自己花钱的行为时会有负罪感。Babycenter.com 在 2017 年针对母亲们进行过调查，发现 57% 的母亲在自己身上花钱时会有内疚感。

创业教练凯伦·索撒尔·瓦茨在她的大学人文学课程上曾经讨论过关于花钱的这种"怪异的"道德观。"有时候，我们看着他人买的东西、他人的穿着以及他人花钱的方式，觉得可以对他们进行道德判断，"她说，"女性对这种情况非常敏感，没有人想成为评论的对象。也正是因为如此，我们会因为购物而产生负罪感。这是一种自我保护机制。"

我们此前已经探讨过，负罪感没有任何用处。所以本章的目的就是让我们所有人都明白，花钱是一件快乐的事情，花钱令人开心。看看我们在购物时所花的时间和精力，难道那不是一个看待购物更好的角度吗？美国 85% 的购物都是由女性完成的。女性大型购物的数量和比例正在上升。购物的不只有千禧一代。智威汤逊公司（J. Walter Thompson Intelligence）2018 年的报告称，英国 50 岁以上的女性是新的"消费主力"，因为她们的消费额超过了比自己年轻的女性。

扬克洛维奇中心（Yankelovich）的监测研究和 Greenfield Online 社区的数据显示，以下是女性会购买的部分商品：

- 91% 用于新房；
- 66% 用于计算机；
- 92% 用于度假产品；
- 80% 用于医疗卫生产品；

- 65% 用于新车；
- 93% 用于食品；
- 93% 用于非处方药物。

那么我们要如何像《冰雪奇缘》里雪宝所说的那样，给花钱一个大大的温暖的拥抱呢？我们是如何放弃判断和懊悔的呢？这有助于我们弄清楚自己是如何花钱的，然后尽力把钱花在我们看重的地方。我们在第1章中曾经提出问题：你希望钱能给你带来什么？有时候，我们需要安全感，有时候我们需要庇护、保障和稳定等其他东西。正如我们将在最后一章中所谈到的，有时候，我们希望让这个世界变得更美好，为了那些我们所认识的人，或者为了那些陌生人。但有时候我们只是想要得到快乐。我们希望狂欢一下，我们希望能用钱来帮帮自己。

金钱到底能否带来幸福感

有很多文字探讨过金钱和幸福感的话题，我本人就这个话题写过一本书。简单来说，道理就是：老人们认为钱买不来幸福，可是事实并非如此。如果你经济条件差，难以维持日常开销，债务找上门，那么钱多点肯定可以买来幸福。钱能化解压力，减少烦恼。另一方面，如果你的日子早就过得很舒坦，有舒适的地方居住，有性能可靠的车让你想去哪儿就去哪儿，可以外出就餐，偶尔出去度假，而且你还能存下钱来，那么一般来说，钱再多点也不一定能提升你的幸福感。

当然，究竟要多少钱才能过上那么舒坦的生活呢？这取决于你生活在哪里，以及身边的人是什么样的。我们在关于金钱和情侣关系那一章中曾经探讨过，如果在所处的环境中，自己始终难以赶上其他人，那样你不会感到快乐。诺贝尔奖得主丹尼尔·卡尼曼的研究认为，这个数字大约为 7.5 万美元。克利夫兰凯斯西储大学（Case Western Reserve University）经济学家大卫·克林恩史密斯（David Clingingsmith）的结论则更详细。他的研究显示，在超过 8 万美元后，钱带来的快乐并不会随着钱数的增多而同比增长。而超过 20 万美元后，钱带来的快乐就彻底消失了。"很多情况下，每多一美元，人们的幸福感就多一分。可是随着你的钱越来越多，幸福感的增加速度却会减缓。"

还必须指出，在人们达到小康生活之后，钱能带来短期的幸福感提升，但通常无法长期提高幸福感。如果你曾经经历过薪水大涨，可能会有此感受。涨薪可以让你在一段时间里感觉神清气爽，但你最终会慢慢习惯于新的薪资水平。收入增多，你的开销也会随之增加。最终，你不再记得自己当初薪水低一些时是如何生活的，你的幸福感又会回归到原先的状态。

行为心理学家称这种现象是享乐适应。这就像是均值回归，而这里的均值是指平时的开心和幸福程度。人有旦夕祸福。一般来说，你的幸福和开心感最终会回到原先的状态。研究已经发现，事实的确如此。即使人们遭受重创，命运因此发生改变，情况也是如此，例如失去四肢。最终，他们会像以前一样开心。但这一切并不意味着你无法通过花钱（不管你有多少钱）来给自己和生命中那些重要的人创造更多的快乐。你只是要注意花钱的多少和花钱的方式。

花钱买体验，而不是买商品

想想你去年购买的某件衣服，某样你很想买的东西。或许是一条漂亮的裙子，或者是一条能让你收腹翘臀的牛仔裤。你当时迫切想要把它挂到自己的衣橱里。但你现在是什么感觉呢？如果一提到那个衣服就让

让女性受益一生的理财思维

WOMEN WITH MONEY The Judgment-Free Guide to Creating the Joyful,
Less Stressed,Purposeful（and, Yes, Rich）Life You Deserve

你觉得很兴奋，或者让你开始筹划要穿着那件衣服参加什么活动，那么你非常幸运。很多东西久而久之就失去了它们的吸引力。不仅仅时髦的东西会变过时，科技产品、玩具、配饰和厨房面板也都会如此。

花钱买体验时通常快乐更持久，收益更大。为什么？体验会随着时间流逝而变得更好。体验之后会留下回忆。由此你能够常常去回想，而此前所感受到的快乐又会重新回来。你甚至会对那段回忆稍加美化，让它比现实更加美好。你会在 Facebook 上看到以前的照片，或者又重新发帖回顾老照片，一再重温那种暖暖的感觉。

体验也同样涉及规划。当你开始为即将到来的出行做详细计划时，假设是去纳什维尔，你会去研究到哪里吃烤肉，到哪里吃当地特色炸鸡，期间谁又会在那里演出。这个时候，你就会开始兴奋起来。在日历上做标记会让你有所期待。正如卡莉·西蒙（Carly Simon）在 1971 年时所哼唱的："期待让你等呀等。"因为那也是体验的一部分，而且你很享受这种体验。

体验通常是和其他人一起，而这也能有积极的作用。对多数人来说，和他人共处可以让快乐更多几分。已过而立之年的埃利安娜在纽约州担任律师。有一次，她请人临时照看自己的小孩，然后和丈夫单独外出吃大餐，过二人世界。"那种感觉让我心情舒畅，非常愉悦。"《花钱带来的幸福感》（Happy Money: The Science of Happier Spending）一书作者之一、哈佛商学院教授迈克尔·诺顿（Michael Norton）也认同通过花钱来增强彼此之间的关系始终是最佳的花钱方式。"请朋友出去吃顿饭，"他建议道，"她没准会回请你两顿饭。人都是有来有往的。"

最后，和物品不同，体验有时候会涉及运动。花钱锻炼可以带来多种提升幸福的方式。首先，它能帮助减压。富达投资集团和斯坦福大学长寿研究中心合作进行研究后发现，一般来说，人类每年会经历四次应激性生活事件。这些事情可能是好事（比如生小孩），也可能是坏事（比如失业），不管是哪种，这些事情都会让人感到紧张。该研究也发现，有一个办法可以减少这种压力，那就是锻炼。站起来，走出门，动起来，让自己出出汗。从短期来说，锻炼可以让你出汗，那样能让你感觉好一点。从长期来说，锻炼会让你变得更加强大，提升你应对生活中各种压力的能力。即使没有太大的压力，花钱买健康也能够让你更加开心。新泽西州传媒专家卡门也领悟到了这个道理。"我最近开始上 CrossFit 健身课，"她说，"这种课挺贵的，每个月大概要 250 美元，但它让我有了自信，让我感觉更加健康了，所以也就让我更加开心。我在想办法从每个月的其他开销里省 250 美元出来。要在过去，我根本不可能这样做。"

花钱买体验式物品

另一种花钱买体验的方法就是购买体验式物品。几年前的暑假，我犹豫一番后咬牙买了一个站立式单桨冲浪板。事实上，我买了两个。我曾经和朋友米歇尔去冲过几次浪，每次不是租冲浪板，就是向米歇尔借。我也上了几堂课。我不仅可以相对轻松地站起来（但冲浪时总失败），而且非常喜欢这个运动。出海后能看见一群群小鱼在冲浪板下游来游去，也能看见那些背朝大海的房子里露台上摆着什么样的家具。我知道，我永远不会觉得厌倦。第一个冲浪板是为了让我自己随时可以去冲浪。第二个冲浪板是便于女儿或朋友可以和我一起冲浪。

这些冲浪板就是物品，这种物品可以带来体验。不管是高尔夫球杆还是艺术品，它们都不是单纯的物品。有了高尔夫球杆，你可以和朋友

让女性受益一生的理财思维

WOMEN WITH MONEY The Judgment-Free Guide to Creating the Joyful,
Less Stressed,Purposeful （and, Yes, Rich） Life You Deserve

或爱人一起出发，一展身手。而你每次在欣赏艺术品时都感到身心愉悦。将你的木炭烤架换成燃气烧烤炉（我知道，纯粹主义者厌恶这个提议，但相信我），这样夏季你在后院会觉得更加开心，因为你不用等 45 分钟预热后才能在室外开始烧烤。如果你想要边喝杯鸡尾酒边等着木炭燃起来，那么就请跳过我刚才设想的情景，直接选择老式木炭烤架，燃气烧烤架不是你的菜。关键点在于，在花钱之前，你要思考如何能让那些体验式物品融入你的生活，最大效力地提升你的幸福感。

其中唯一的问题就是当你为了体验而购买某样物品后，一定要真正地去使用。不要买辆健身脚踏车，最后却只是用来挂衣服，或者买台料理机，最终却只是摆在架子上积灰。我们有了想法后是否能坚持到底呢？在这一点上，我们必须实际一点。如果发现自己夸下海口后没有行动，那就不要让那些物品闲置在那里，徒增你的负疚感。这也是克雷格列表（Craigslist）能发挥它的作用的原因。

不能带来快乐的花钱

事实上，我们花了很多钱，但那些花钱的经历并没有给我们带来开心和快乐。当然，有些钱是不得不花的，也就是我们没有太多选择。交物业税不会让我开心。在购物车里放下数袋狗粮也不会让我开心。但我喜欢我的小狗，也喜欢住在我的房子里，所以我觉得那些购物就是缴纳"入场费"，是日常生活的一部分。不过有时候，花钱会让我们感觉好一点，让我们不再失望，或者让我们的心情变好。"小时候，如果某天过得非常糟糕，母亲会带我们去逛街购物。"佛蒙特州社交媒体经理克莉丝汀说。现在，她也会将逛街购物作为为自己提神打气的妙方。

这种购物疗法可以帮助我们心情变好，但效果维持的时间较短。只要我们明白自己在干什么，而且不超支，其实这样做也没有问题。只是如果过度消费，就又会因此而后悔。

对怎么花钱我们有自己的一套价值观，当我们违背这套价值观去购物时，这种现象就叫认知失调（cognitive dissonance）。我们都对自己是什么样的人有一定的认识，或许我们觉得自己购物时相当精明，或者是善于砍价，并因此而自豪。我的朋友佩奇总是会笑着形容自己是"Scrubby Dutch"，我在网上搜索一番后才知道这个词的意思。原来圣路易斯市南区的女性习惯于每周五擦洗自己的水泥台阶，南区人都喜欢脚踏实地过日子，天生比较节俭，而佩奇认为自己正是如此，他人眼中的她也的确如此。就算是我们这些喜欢花钱的人可能也只会允许自己在一些特定的物品上比较挥霍，比如戏剧、旅游和手袋等。我们会在其他地方控制开销。如果外出花钱时失去控制，花钱方式不符合自己的这种人设，我们就会失望，由此也会后悔。

40多岁的乔吉特在纽约开设了一家旅游巴士公司。从小她就被教育钱要存起来，不能花钱享乐。"我父母会说，'你祖父给你留了这个，我们会把那个留给你'。"父母的意思是钱总是要一代代传下去的，钱绝对不是用来享乐的。她说直到现在，一些该花的钱她也不会花，她也不会能花多少就花多少。就算是在买必要的职业装时她也会犹豫。她知道这一切源于自己的父母。

那实在有点丢脸，不过这种情况并不罕见。研究发现，购物花钱越多越后悔，而且就算是花钱没有超出自身的经济能力，我们也可能会后悔。所以要怎样避免那种经久不散的"我不该买"的感觉呢？

写日记记录下你的购物满意度，这可以帮助你改善自己的感受。在一到两个月内坚持记账，把你所有的开销记录下来。只要记下你购买了

让女性受益一生的理财思维

WOMEN WITH MONEY The Judgment-Free Guide to Creating the Joyful,
Less Stressed,Purposeful （and, Yes, Rich） Life You Deserve

什么，花了多少钱。然后在购物一周左右之后，再回头记录下你事后是什么感受。你很开心自己当初花了那笔钱吗？或者你希望自己当时少花点？或者根本就不应该买？我曾和迈克·罗伊森博士（Mike Roizen）合著《不缺钱的长寿生活》（*AgeProof: Living Longer Without Running Out of Money or Breaking a Hip*）一书。迈克·罗伊森博士在我们将那本书交付出版社后不久曾经采取过记账的方法。他和妻子南希每周会和朋友们外出就餐数次，而他发现自己事后会为聚餐时的巨额支出而后悔。他感觉那就是一种浪费。他们不是决定直接不外出，而是选择更加平价的餐厅。结果呢？花一半的钱享受到了同样的快乐。

你也可能想让一切直观化。心理学家阿普里尔·本森（April Benson）建议你想想回家后你打算把所购的物品放在哪里。更好的方法则是想想两个月后那件物品会放在哪里。到那时候，你会从这些物品上获得多少快乐？明年这个时候它会过季，会被弃用吗？或者它将成为你日常生活的一部分，每次使用时你都能从中找到快乐？

另一件要考虑的事情就是抢购，或者是抢购时的兴奋。几年前，我发誓不再买打折商品，类似于新年里下的决心。我发现衣柜和抽屉里有太多没有穿过或只穿过几次的衣物，这些都是我打折时购买的。我就住在纽约市附近，而纽约市的样品特卖会是购物圣地。① 我决定监测自己购买样品特卖时的冲动，而我发现那时的购物就是在抢购，真的是在抢。我看到一些自己并不怎么喜欢的商品打五折或三折时，会仅仅因为打折就将它们买下。

---

① 如果你从未去过样品特卖，我不得不告诉你，样品特卖已经不再是以前的样子了。20 世纪 80 年代，我刚刚搬到纽约州时，样品特卖真的是卖样品———些设计师想看看效果而打的样。如果你不介意有些许小瑕疵，就能够以零售价的零头买下。但现在，样品特卖的商品更多的是库存积压商品，而且价格也不是特别优惠。但不管怎么样，我有时候还是会去逛逛。

我的新原则就是，如果我不愿意原价购买，那根本就不要去买。对我而言，这的确是一个很好的商品筛选方法。自那之后，我也曾经给自己一些退路。但我会问自己：即使它不打折，我也会买吗？如果答案是不买，那就让它继续留在商店里吧。

设定花钱的分界线

如果过度消费，花钱的快乐很快就会蜕变成花钱的痛苦。甚至对收入达到六位数、七位数的人来说，这也会是个问题。长期过度消费会让你没有安全感，没有储蓄，也没有保障。长期来看，选择小一点的房子或老一点的车，让自己能多存点钱，这样带来的快乐要超出购物。《情绪》（*Emotion*）期刊曾经发表研究指出，相对于收入、债务和投资，银行储蓄额高意味着生活满意度更高。

正是出于这个原因，40多岁的莎伦选择比自身经济实力低很多的生活方式。她在俄勒冈州波特兰市一家语言障碍矫正公司担任CEO。"我一直有机会购买更昂贵的汽车，或者买更大的房子，或者是添置更多东西，但我始终会问自己，那些东西对我而言重要吗？我从来不想在经济能力范围内过最奢侈的生活，因为我希望自己能够有所选择。"

那也是我所信奉的生活方式。在这个时代里，如果想买第三辆车停在私人车库里，问题不再是现在能否买得起，而是以后能否出得起每个月的开销。所以在购物时，我们不应该再去想什么承受力，而是要看机会成本。我们要问自己的不仅仅是现在的预算能否买得起，还有现在花（或决心花）那笔钱会对以后的选择有什么影响。如果我们决心每年再花数千美元，那会影响我们旅行、捐赠或跳槽的机会吗？这个问题可能很难回答，因为我们无法预见到未来的那些机会。但这个问题绝对值得

让女性受益一生的理财思维

WOMEN WITH MONEY The Judgment-Free Guide to Creating the Joyful,
Less Stressed,Purposeful（and, Yes, Rich）Life You Deserve

我们去思考。

如果花钱时既不过度消费，也不局限于长期的习惯呢？有些女性会花钱购买一些并非完全必要的东西，通过这种方式来给自己打气。有些女性会因为这种花钱方式导致情侣关系变得紧张。用自己的钱来做自己想做的事情，并且确保你的配偶也有这样类似的一笔钱，这可以缓解彼此之间的紧张关系。我们曾在第 4 章中探讨过这个问题。如果休闲开支导致经济困难的始作俑者是你自己，同样的策略也能派上用场。

30 多岁的朱莉来自宾夕法尼亚州，是一位阅读专家。她为自己的娱乐花销单独开设了一个账户。她说，将这些钱单独放在一个地方，这样就可以做自己想做的事情，不用担心去哪里找钱，或者是事后因为花了那笔钱而感到很难受。"我喜欢旅行，去看看新的地方，可是费用加在一起就会增长很快，"她说，"当我脑子里想到一个具体的目的地，我就会提前几个月或一年的时间有目的地留出一些钱，用于机票、酒店和吃饭。这样当我的信用卡账单出来而且金额特别高的时候，我就能将那笔钱转出来还信用卡，不用为之紧张。"

埃迪已经 60 多岁了，是新泽西州的商业地产开发承包商。她也采取了同样的方法。她最近的目标是一台非常昂贵的相机。她说："我是个摄影爱好者。我先卖掉了现在不用的那套老摄影装置，然后开设了一个储蓄账户。每次拿到奖金，我就会将钱存到那个账户里。如果拿到退税，我也会存进去。不知不觉中，我就已经有足够多的钱来购买新相机了。"她指出，采用这种方式，看到钱的金额慢慢增加，就连存钱都变得很有意思。

如果你也采用了这种方法，你甚至会因为自己努力地实现目标而感到快乐。"我父亲在他 17 岁时来到葡萄牙，当时身无分文。我母亲是在皇后区长大的。"30多岁的杰西卡说，"我想告诉我的孩子，如果你想要过上好生活，就必须努力工作。如果你的确购买了高档物品，也应该为靠自己的能力购买，这会让你感到理所当然。"杰西卡是纽约州美容行业的市场高管，正在等待第一个孩子的到来。

花钱买时间

另一种花钱找快乐的方法就是用钱去买时间。我们曾经在第1章中浅谈即止，现在我们来细说一下。就算不是太成功，我们也可以去力争赚到更多的钱。但即使功成名就，你也无法去获得更多的时间。一天24小时，一年365天，女性的平均寿命是83岁。但我前夫喜欢说，资产都是可交换的。你可以用钱去换取其他人帮你完成自己不喜欢的事情，不用自己动手。换而言之，你可以外包。

"时间无疑是有限资源，但钱不是，"生产力研究专家劳拉·凡德卡姆（Laura Vanderkam）说，"只要还没有退休，我们就可以花钱去购买时间。时间是最稀缺的资源，在孩子尚且需要抚养和管教时尤为如此。"

我非常赞同这种说法。

理财教练辛迪·特罗亚内勒（Cindy Troianello）指出，有时候可以用自己的双手为家人和自己做点事，那样真的很不错。"人们总是外出就餐，"她说，"外出就餐或者回家的路上点外卖要比自己做饭贵五倍。"但有些人喜欢自己做饭，包括我在内。我宁愿周六的时候花时间备菜，让朋友们晚上过来一起吃饭，而不是一起去餐厅吃饭。在犹太假日里做一些传统的食物（能和母亲和女儿一起更好）也让我感觉很开心。我从没想过要去点个风味布丁或无酵饼丸子。

让女性受益一生的理财思维

WOMEN WITH MONEY The Judgment-Free Guide to Creating the Joyful,
Less Stressed,Purposeful （and, Yes, Rich） Life You Deserve

哪些是我不会去做的呢？园艺（我知道很多人喜欢这件事），或者熨烫衣服（我母亲始终觉得这件事能让她恢复活力）。关键在于用钱去换时间，与其他和钱相关的选择一样，都是非常个人的事情。你应该自己选择想要放下哪些工作，不要让其他任何人因此指责你，让你心生内疚感。吉娜对此深有体会。30多岁的她来自宾夕法尼亚州，是一位市场研究员，育有两个孩子。她说："那对我来说是一个很大的转变。现在，如果钟点工能减轻我的压力，我就会请一个。那样可以帮助我平衡家庭。事实上，我们此前曾经讨论过是否要请人接送孩子，因为接送也将变成一个难题。"

最后还有一件事情。我们都知道，将钱花在这个上面可以带来更大的满足感，那就是缩短交通时间。不管是驾车、搭乘公共汽车还是搭乘地铁，上下班途中都是很多人一天中最痛苦的时间。或者你可能更习惯于这样想，我开会已经迟到了，而且我还想喝杯咖啡提提神，车子怎么还不动？交通，烂透了的交通。想想一个过去24年里一直要上下班的女性，她会有什么感受？如果你想一天能多点时间做事，那么放弃一点房间面积来换取多一点的时间（因为缩短交通时间通常就意味着房租价格会高一些），或许你会更开心。收入低点，但离家近点，或者工作时间更灵活，这也是一个好办法。或者就如凡德卡姆指出的，申请每周有一到两天远程办公。花钱将家里布置一下，便于居家办公，让你的经理看到你已经营造了一个专业的办公环境，可以便于你完成工作。这点钱也是值得的。它能让你每天更加享受工作。

为他人花钱

还有一种花钱方式已经证明能够给我们带来快乐，那就是为他人花钱。最近，我带着很快就要满 13 岁的萨莎去当地的一家珠宝店，为她即将参加的犹太女孩成人礼挑选一件礼物。她自出生起就进入了我的生活，而且我凑巧知道她对自己的穿着非常挑剔。我不想给她买样礼物最终却只是被她收在抽屉里不用。看她在那里选了选耳环，然后又试了试项链，真是有趣。当她戴上一根带耀眼的 V 字形吊坠、上面有她的名字的项链时，那一刻她兴奋地嘴角上扬。看到她开心的样子，我也忍不住发自内心地高兴。

这就叫亲社会消费（prosocial spending）。哈佛大学的迈克尔·诺顿和他的同事曾经进行过一个实验。他们给了参与者一小笔钱（有些人拿到 5 美元，有些人拿到 20 美元）。他们让其中一半参与者把钱花在自己身上，另一半参与者要将钱花在其他人身上。一天结束后，将钱花在其他人身上的参与者要比那些拿钱给自己买东西或为自己做某件事的人更加开心。有趣的是，尽管人们认为消费越多越开心，但金额根本就不重要。这也就是说，真正重要的是人的思想！

其他研究已经证实，幸福感和慈善捐赠之间有着密切的关联。但诺顿的实验显示，并不一定非要向慈善事业捐款才能带来快乐，礼物也会有同样的效果。我们在初学走路的孩子身上能看到那种效果。研究人员已经在那些孩子们将礼物送给他人的过程中观察到了这种快乐。但请牢记，不管是捐钱给慈善机构还是将钱给生命中的其他人，当你可以选择给或者不给时，幸福感会更强。也正是因为这个原因，当你被迫凑钱给办公室某位自己不喜欢的人送礼物时，你并不会感到开心或温暖。而当花钱可以增强你和某人的关系或者是推动你所在乎的慈善事业的发展，你肯定会收获到更多的快乐。所以，关键在于你自己。

让女性受益一生的理财思维

WOMEN WITH MONEY The Judgment-Free Guide to Creating the Joyful,
Less Stressed,Purposeful（and, Yes, Rich）Life You Deserve

理财思维小结

- 大部分钱都是女性花掉的。不只有千禧一代会刷信用卡，50 岁以上的女性也会。

- 有些花钱方法会让你开心，尤其是购买体验（或能带来体验的物品）和将钱花在其他人身上时。

- 花钱来买时间也是一种很好的策略，可以让你逃离自己不喜欢的事情。如果能减少交通时间，也是一种很好的花钱方式。

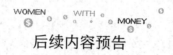

后续内容预告

在第三部分，我们将会分析如何利用你已经获得的成功和经济稳定性来打造自己和所爱之人想要的生活，抚养教育以后能做到经济独立的孩子，在父母需要时照顾他们，并且让自己在这个世界上留下一定的遗产。这也是你辛勤工作的回报。

WOMEN
WITH
MONEY

Part 3
给予家人幸福生活的能力

The Judgment-Free Guide to Creating the Joyful,
Less Stressed,
Purposeful (and, Yes, Rich) Life You Deserve

第 10 章

授之以渔：培养孩子的财商

这是来自费城 HerMoney 欢乐时光的片段：

丽莎（50 多岁，创业者，最近刚刚离婚）：对我而言，最大的改变就是不再给已经成年但尚且年轻的孩子们出钱了。我不再给他们交车险或医疗保险。我儿子打算重新加入我的手机套餐里面，因为那样可以帮他省钱。我们现在用的是家庭套餐，但他将要和我分摊电话费用。和孩子们分摊费用是我最喜欢的事情。真的，我非常喜欢。因为他们有那笔钱，可以马上还钱给我。

珍：所以能否说具体一点？你究竟是怎么做的？

丽莎：我们为每个孩子拿出一笔钱，这笔钱足够一年的生活费、一年的车险、一年的电话费，以及一年的医疗保险费。然后我们把这一大笔钱的支票给他们，对他们说"花钱时聪明点"。三个孩子中两个做到了，但有一个没有。

珍：那没有做到的那个怎么样了？

丽莎：他现在和我一起生活。

啊哈，孩子们。说这句话时，我的口吻像极了我母亲（可能丽莎母亲也是这种口吻）。但我们同孩子们之间的关系错综复杂，独一无二。它不同于我们和配偶、父母或朋友之间的关系，我们觉得不仅仅要为孩子们的现在负责，也要为他们以后会变成什么样的人负责，而且我们也

让女性受益一生的理财思维

WOMEN WITH MONEY The Judgment-Free Guide to Creating the Joyful,
Less Stressed,Purposeful（and, Yes, Rich）Life You Deserve

的确是要承担起这部分责任。

我们对孩子们的期望要略高于自身的梦想。在第 1 章中，我们曾经提出一个问题：你希望钱能给自己带来什么？你应该还记得那张清单上的内容：安全感、保障和储蓄等。对孩子们来说，我们早已经提供了这些，所以我们可以将关注点放在更加高大上的目标上——健康和幸福。当然有这些，还包括一定的成就，就算不能比儿时好，但至少他们也能过上好生活。

美国梦中恒久不变的思想就是下一代的收入都将超过其父母。我们之所以相信这一点，是因为在我们的记忆中，情况一直如此。但很多人感觉这种情况将在我们这一代终止。"我现在的生活与小时候有鲜明的对比。我们当初的机会和孩子们现在的机会没法比，"阿曼达说，"但我觉得孩子们将会觉得很沮丧，因为他们将来的生活会比不上我们现在的生活。"阿曼达来自旧金山，40 多岁，是三个孩子的全职妈妈。

我们仍然希望他们未来的日子过得红红火火。所以，我们在孩子们六个月的时候将他们送去接受音乐早教，两岁时就教他们游泳。我们让他们接受浸入式语言学习，学芭蕾或街舞，参加体育锻炼，一年里每个季节尝试一种体育运动。为了不输在起跑线上，我们给他们请私教上课。当我们发现某项运动比较适合他们时，就会不辞辛苦地接送他们去练习。所有这些都发生在他们正式上学之前。上学之后，还有家庭教师、SAT（美国学业能力倾向测验）辅导班、大学入学顾问、论文校对。这个过程非常磨人，但我们相信这些是必须做的，因为其他所有人都是这样。

但有一点是我们不想要的，那就是被宠坏。它的小伙伴——"觉得理所当然"也不是好事。"拜金"可能更糟糕。

《物质主义的巨大代价》（*The High Price of Materialism*）一书作者、诺克斯学院（Knox College）心理学教授蒂姆·凯萨（Tim Kasser）解释称，简单来说，拜金的人并不是从文化、知识或精神角度去看事物，这会导致大量的问题。越金钱至上的人越不开心，越不满意自己的生活，情绪低落，也越容易焦虑。他们会更多地借助酒精、香烟和毒品来"缓解"自己的不开心。他们的竞争心一般更强，不太会合作，而且更在乎自己，而不是环境。该主题最新的研究甚至显示，这种人相对而言不太会积极地去学习，在学校的成绩也差一些。

听起来你并不希望自己的孩子变成那样。这取决于父母是如何培养教育孩子的，他们很难摆脱那段经历的影响。

40 多岁的简，来自纽约，育有一个孩子。她认为，自己早期关于钱的记忆都是"不要"和"没有"。"没什么钱。没钱出去吃饭。没钱去礼物商店买我想要的泰迪熊，"她说，"我打算让我的儿子不缺那些东西。"莎伦也有着类似的感受。她来自俄勒冈州波特兰市，是一位CEO，女儿现在已经 18 岁了。她说："每次期末舞会，我都会激动地给她买条新裙子。我不知道自己在钱的问题上是否给了女儿正确的教育。她不会乱花钱，但也从来不用去操心现实的问题。"

金融教育家苏珊·比彻姆（Susan Beacham）会常常听到家长们表达这些担忧。他们会说："我小时候没有孩子们现在那么多东西和机会。我想要帮助他们。我要怎么样才能既帮到他们，又不会毁掉他们呢？"

"毁掉他们"这句话听起来很刺耳，但正因为如此，要避免这种事情的发生难度也相当大。我们想给孩子们舒适的生活和优越的条件，但我们又不想他们认为这些优越的条件是理所当然的，不明白必须辛勤工作才能创造这些条件。与此同时，我们也希望他们能有一定的适应力，当生活变得艰难时，他们可以去淡然应对，重整旗鼓，继续前行。

这些说起来容易，做起来难。作为父母，我们必须在经济上根据自身价值观制定合适的界限，并且坚定地要求他们遵守这些界限。《富家子弟》（*Silver Spoon Kids*）一书的作者、心理治疗师艾琳·加洛（Eileen Gallo）指出："孩子们知道你买得起，但是你却告诉他们你没有那个能力，这种方法没有用。"

家长是孩子最好的老师，甚至是唯一的

所有这些是现代育儿工作中的一部分。你不能靠学校、童子军或社会去教授孩子们最基本的经济知识。美国只有 17 个州要求在高中教育中开设个人理财课。这是多么荒谬。就算你来自这 17 个州，孩子们的理财知识还得靠你自己，因为老师可以给他们解释什么是预算，什么是信用分，但老师无法将你的价值观传授给他们。只有你自己可以做到。

可惜我们中很多人在这一点上做得并不好。普信集团（T. Rowe Price）关于"家长、孩子和金钱调查"显示，三分之二的家长都不愿意和孩子们谈论钱的问题，很多人只有在孩子们问到时才会谈及。我不是说要大家和孩子们在餐桌旁坐下，然后正式地讨论金融原理。我建议大家进行普通平常的谈话，而且这种谈话要贯穿孩子们的一生。两岁时，他们还要坐在购物推车里，那时你可以解释选择青豆而不选西蓝花是因为青豆打折。我弟媳住在布鲁克林，她周末时会带着自己的双胞胎去参加私人车库里进行的廉价甩卖，教他们如何低价购买自己想要的玩具，同时也告诉他们如何将自己不再喜欢的东西卖掉来赚钱。

你的孩子如果要求购买较贵的大件，那就可以带来一连串的对话：

如何为了长远的目标存钱？先确定自己真正想要什么，哪些是自己不想要的，然后努力工作以更快的速度赚更多的钱，接着拿工作赚来的钱进行投资，让钱生钱。在谈话时充分利用你自己的故事。告诉他们你有哪些经历，记住你必须诚实。当出现经济问题时，孩子们一般能感受到。当父母低声谈论某个同事失业而不得不搬家时，孩子们会想：我们家会不会有一天也这样？精神病学专家盖尔·萨尔兹（Gail Saltz）表示，当涉及钱的问题时，孩子们一般只会盯着一件事情：我会没事吧？假设家里一切都还好，那作为父母，你就要向孩子们传达这种观点。如果情况不是很好（时不时会这样），就要让孩子们知道，尽管今年的暑假只能去露营，不能去度假住酒店，或者尽管你因为离婚而不得不缩减开支，但一切都将会没事。孩子们知道这些后也将会淡然应对。

此外，在和孩子们谈话培养他们的财商时，有两条重要的金融原则必须牢记在心。

原则 1：钱多钱少是相对的

我们究竟有多少钱并不重要，重要的是我们的钱比身边的人多还是少。就像你会和邻居、同事和大学校友比较一样，孩子们也会与朋友、同学和队友去比较。而我们都会在社交媒体上去比较。他们这一生都会如此。所以在他们成长的过程中，适应其他人的钱比自己家多些或少些是相当重要的一项内容。

帮助他们去适应远胜于竭尽所能去让他们可以与其他人一较高低。"那些会有麻烦的孩子是因为没有太多愿望了。"《孩子和财富》（*Kids, Wealth, and Consequences: Ensuring a Responsible Financial Future for the Next Generation*）一书的作者、金融教育家杰伊恩·珀尔（Jayne Pearl）说："一切东西都交给了他们，他们没有理由再有动力或目标。他们会

让女性受益一生的理财思维

WOMEN WITH MONEY The Judgment-Free Guide to Creating the Joyful,
Less Stressed,Purposeful （and, Yes, Rich） Life You Deserve

因此陷入麻烦中。"

原则 2：钱是有限的

不管我们的钱有多少，都必须对资源进行分配。孩子们也是一样的。这些资源分配越贴合我们的价值观，我们也就会越幸福。在我们向孩子们解释各种选择的原因时，孩子们能够学到很多宝贵的经验。

这让我想起了前面章节中提到的那辆沃尔沃旅行汽车。顺便说一句，尽管不是宝马，但这辆车非常不错。我曾经开宝马车好多年。一些日本车的方向盘比较轻，相比而言我更喜欢宝马那种较重的方向盘。此后，我与丈夫分居，再离婚，然后买了一辆沃尔沃。我当时甚至都没有意识到什么品牌差异，只是同我们前文中所提到的一些女性一样，我觉得一辆安全性能高的车可以弥补生命中其他方面缺失的安全感和保障性。而沃尔沃的安全性能是其他车辆所无法比拟的。沃尔沃旅行汽车又是其中最安全的。

我女儿当时大概 10 岁。她对我买车的举动提出了质疑。"你常常开的车要比它好。"她说。她说的大概就是那个意思。我告诉她，我觉得安全性比刺激性更重要。我也告诉她这辆车有侧面安全气囊，而且安全性能评级达到了五星。我同时告诉她，沃尔沃还有一个优点是价格相对较低，我决定少花点钱，那样就可以多存点。如果记得没错，当时女儿翻了翻白眼。我说过，她只有 10 岁。

我本可以说："那是我的钱，我自己做主。"两种说法都可以，但从对孩子的情商教育角度来说，后一种方式没用。她仍然不喜欢我的车（就像她不喜欢那辆车现在的代言人一样），但她知道我的理由是什么。

男孩和女孩的区别

不管是对女儿还是儿子，我们都必须详细进行解释。这点非常重要。琳赛来自旧金山城外，在一家珠宝公司担任高管。最近，她的公公逝世了。在琳赛看来，她的公公是个身家堪比唐·柯里昂（Don Corleone）的富翁，脾气暴躁。"他会照顾好每个人，前妻、现在的妻子、一个儿子，还有一个女儿，"琳赛说，"但他也相当地传统，非常重男轻女。所以他会对儿子说，'我要教你这个世界上男人必须懂得的一切东西'。而对妻子和女儿，他则会说，'你们这些女的将来没啥要想的'。"在公公过世后，琳赛和丈夫不得不来收拾烂摊子。"妹妹完全一无所知，现任妻子什么事都不懂，前妻也是毫无头绪。看到那三位女性惊恐的样子，我感到很幸运，因为我还是知道要怎么办。"

在我 2018 年撰写本书时，这种事情依然在发生，太神奇了。普信集团的数据显示，58% 的男孩称他们的父母会同他们一起讨论经济方面的目标，而女孩的比例只有 50%。此外，12% 的男孩拥有信用卡，但女孩的比例仅为 6%。相比于女孩而言，更多的男孩知道父母正在为他们将来上大学存钱。

诚然，这种情况未来不会恶化。纽约州的埃米莉现年 50 多岁，是一位单身母亲。她在 40 岁时收养了自己的女儿。她正在竭尽所能地慢慢灌输女儿经济独立的思想。"我告诉她，'不要想着嫁给什么人就一劳永逸了。你必须有自己的收入'。我不希望她到 20 岁、30 岁时和我当年一样肆意挥霍。"

不过有充足的证据证明，孩子们一般会像家长所预期的那样。英国曾经针对 2000 名学龄儿童进行调查，并且发现 5~16 岁男孩的零用钱要比女孩高出 20%~30%。如果我们认为女儿们在赚钱和管钱的能力上不如儿子，那她们终将变成我们所想的那样。

培养经济独立的能力

经验 1：告诉孩子们想要和需要之间的区别

我们在前文中探讨过，相比于我们成人而言，要区分什么是必需，什么是非必需，对孩子们来说难度要更大。但满足他们的基本（和不是太基本的）需求之后，其他东西都只是想要了。你可以通过一个问题从根本上进行区分：如果没有那样东西，你会怎么样？如果是真正的需求，问题的答案就会告诉你。

经验 2：告诉孩子们如何进行选择

孩子们当然可以拥有他们想要的东西，只是不能满足他们所有的愿望。当孩子们还小时，我们会给他们一些不错的东西进行选择并且尊重他们的决定。是穿蓝色衬衫还是绿色衬衫？是穿运动鞋还是凉鞋？他们从中懂得自己有权力去做出决定，而且这些决定没问题，将会得到尊重。

随着他们慢慢长大，可供选择的东西越来越多。这时，他们必须懂得每个选择都是有得有失。例如，就读中学后，当他们必须学习语言时，可能会从西班牙语、法语，甚至是中文中进行选择。如果他们兴奋地选了法语，因为所有朋友都选择了这门语言，那么你的工作就是和他们一起坐下来，分析一下其他选项。不管怎么样，西班牙语在更多国家通用，而中文在申请大学时似乎能有所帮助。

做这些决定和钱有什么关系呢？息息相关。再快进四年。现在，孩子们要申请大学了。当然，你的孩子非常出色，所以有很多大学接受了他们的申请，但这些学校五花八门。有本州内的大学，可以为优等生提供荣誉课程，学费合适。有私立大学，他们每年提供 2.1 万美元的奖学金来争取优等生。此外，还有著名的私立大学，但不提供奖学金。要做出选择，就要分析其中将影响未来多年的得与失。如果孩子们此前一直都是由自己做决定，那么现在也将能更加轻松地做出选择。

经验 3：告诉孩子们要学会自控

这样做是为了帮助孩子们做到自律，让他们有能力对自己说不。但如果你从最开始就不为他们设定限制并且遵守这些限制，他们就永远无法做到自律。"当孩子们向父母要东西，而父母在说'不'时可能会心生内疚，觉得自己剥夺了孩子的权利，"杰伊恩·珀尔说，"同样，说'好'会让你觉得是种溺爱。但如果你让孩子们自己来说'不'，一切就会不一样了。"

心理治疗师艾琳·加洛每年会带着孙女去购物，就当作为她庆祝生日。"她在十一二岁时开始对衣服有了兴趣，我就开始带着她去购物，"她回忆说，"我会给她定一个预算，告诉她我们可以花 100 美元或 125 美元。"在最初的一次外出购物过程中，加洛的孙女看中了白色的牛仔裤。她们先来到了布鲁明戴尔百货店（Bloomingdale's）。加洛孙女喜欢的牛仔裤要 80 美元，几乎所有预算都要花在这个上面。所以，加洛没有买下那条牛仔裤，而是劝孙女继续逛逛。最终，她们找到了一条价格更便宜的牛仔裤，剩下的钱还买了其他几样配饰。在逛街的过程中，她的孙女上了宝贵的一课。

今年，她的孙女已经 18 岁，开始上大学了。"我告诉她，她的预算

让女性受益一生的理财思维

WOMEN WITH MONEY The Judgment-Free Guide to Creating the Joyful,
Less Stressed,Purposeful（and, Yes, Rich）Life You Deserve

为 250 美元。如果不买东西的话，我就直接把那笔钱给她。"加洛说。今年，加洛没有去引导孙女，而是在旁边观察，等这个年轻女性自己进行权衡和考虑，然后做出决定。"她在认真考虑这个问题时，我很开心自己能在旁边看着，那真是一段美妙的经历。"她说。

经验 4：告诉孩子们要为了实现目标而努力

同成人一样，孩子们也会有今天、下周和明年想要的东西。他们必须学会靠自己去争取。如果他们制订的计划太难做到，那就会失败，所以鼓励他们在制订计划时不要追求太快、太多。如果他们的想法超出了自身的经济能力，那么考虑一下施以援手。例如，如果他们想要买的游戏机需要积攒好几周的零花钱，你觉得他们可能坚持不下来，那么提出他们攒多少你就也跟着出多少，这样只要一半的时间就能实现目标。总的来说，目标要能实现，必须具备三大特征，分别是明确具体、可加以衡量且现实可行。这也意味着那些大目标可以被分解成他们能够实现的小目标，而不是直接争取一个遥不可及的大目标。如果有人希望能了解零用钱的正确处理方法，可以在第 186 页找到相关指南。

我儿子在美国阵亡将士纪念日（Memorial Day）前后举行了犹太成年礼，三周后他就要去参加夏令营了。所以他有 21 天的时间来参加期末考试，见见家里那些未来八周都无法见面的朋友们，吃吃他会更加想念的家里的饭菜，还要写大概 100 张感谢卡。对多数成年人来说，100 张这个数字实在让人望而却步。

所以，我们采用了与面对其他目标时同样的方法。我们先将目标明确，即在他登上去夏令营的大巴前必须完成所有 100 张感谢卡。然后我们也让这个目标能够加以衡量：我们购买了一卷邮票，共 100 张。每当有一张邮票被用掉，原来粘贴邮票的地方就会变成空白，他就可以根据空白处的长度来衡量和跟踪自己的进度。此后，我们也快速对目标进行了分解，让它变得更加实际可行。他每天晚上会写五张，写完后才能看电视或打游戏。他不仅仅完成了那 100 张，还多写了一张并邮寄给我。

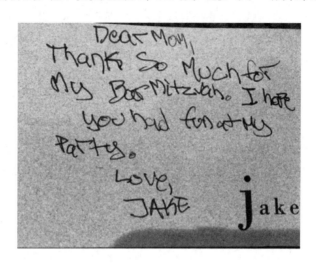

经验 5：告诉孩子们要学会等待

在争取实现目标的过程中，还有一点同样重要，那就是学会等待。你们中有人会想：可是我的孩子估计会在棉花糖测试中失败。先介绍一下，棉花糖测试是心理学家沃尔特·米歇尔（Walter Mischel）20 世纪 60 年代末 70 年代初在斯坦福大学进行的一系列实验。实验中，孩子们可以选择马上将手中的一块棉花糖吃掉，也可以选择等待 15 分钟再吃，那样就可以得到两块棉花糖。能够等 15 分钟的孩子后来在学校的学习成绩更优秀，大学入学考试成绩更出色，体脂数更低。所有这些为他们日后创造更大的成功奠定了基础。

米歇尔的研究显示，有些孩子（有些人）相比其他人更能忍受延迟得到满足。但 2014 年在接受《大西洋月刊》（*Atlantic*）的采访时，米歇

让女性受益一生的理财思维

WOMEN WITH MONEY The Judgment-Free Guide to Creating the Joyful,
Less Stressed,Purposeful （and, Yes, Rich）Life You Deserve

尔告诉作者雅各芭·尤里斯特（Jacoba Urist），其他人也可以去学会等
待。在采访那位心理学家的前一晚，雅各芭·尤里斯特在自己五岁的孩
子身上做了同样的实验，但孩子没有能通过测试。"那么对成年人和孩
子来说，自控或延迟满足的能力就像肌肉一样吗？你可以选择收紧或放
松？"她问道。"是的，当然如此，"米歇尔回答说，"这个比喻非常恰当。"

让孩子能放松（延迟满足）的最佳方式就是鼓励他们去做兼职。我
非常支持青少年打工。有研究显示，孩子们可以每周工作 15 个小时，
而且这并不影响他们的学业。对此我相当赞同。此外，没有人会签署合
同。如果看到他们成绩急剧下降，他们可以马上辞去那份工作。我自己
曾经对 5000 名美国人进行过研究，并从中发现，成年人如果在儿时曾
经打过工，他们在成年后能更好地管理自己的金钱。

此外，我针对两个人（我自己的孩子）的焦点小组分析显示，通常
要通过赚钱才能懂得金钱的真正价值。给零花钱没问题，但他们靠自己
的双手挣来的钱要远远比你直接给他们的钱更为珍贵。在我的孩子开始
自己挣钱后，我注意到了两者之间的关联。如果用我的钱买，我儿子就
想要一套 70 美元的球服。如果是用他自己攒的零用钱去买，买那套球
服的欲望强烈就会减半。如果要花两个周末照看小孩挣的钱才能买下那
套衣服，也就是要花费他七个小时，那会怎么样？他会突然觉得自己衣
柜里那几套球服也很不错。在他真正开始靠自己工作赚钱后，拿到第一
笔工资时他就发信息给我。

儿子：妈妈，你知道有什么好事不？

我：什么好事？

儿子：我发工资了！

我：恭喜呀！你肯定非常开心！

儿子：你知道什么最糟糕吗？

我：是什么？

儿子：缴税！

经过你的种种鼓励，当孩子们最终实现自己的大目标时，你会从他们的脸上看到开心和满足。杰伊恩·珀尔的儿子（现在已经长大，成了一名音乐家）在六岁时想要一把吉他，于是她买了把吉他给儿子。几年后，他想要一把木吉他。这时，珀尔告诉他，她只能出一半的钱。后来，他想要一把电吉他，而珀尔告诉他只能靠自己去买。"他开始存钱了，"珀尔回忆说，"在最终成功买下那把吉他时，他号啕大哭。这种成就感让他自己感到吃惊和骄傲。"她指出，在这个过程中，孩子们将会得到自信和自尊。

经验 6：告诉孩子们失败也不是世界末日

有了孩子后，你和孩子们会为了外套而开战。温度骤降，你在孩子们出门时告诉他们"穿件外套"。他们会回嘴说："妈妈，还好。"在一番你一句我一句之后，最终他们还是没有穿外套就出了门。当然，外套就夹在腋下。如果他们断然回绝时你选择屈服，那会怎么样？孩子们会直接就出门。他们会有几个小时冷得有点难受。他们不会生病。《新英格兰医学期刊》（*New England Journal of Medicine*）发表过这方面的研究。但或许下一次他们就不会争辩了，因为他们已经有了教训。

这也是在钱的问题上正确的处理方式。我们的孩子可以做出他们自己的决定，可以去犯错，而当他们失败时，我们不用去帮助他们摆脱困境。在上文提到的普信集团的研究中，当父母让孩子们自己决定何时存钱和怎么花钱时，孩子们不太可能会拿到钱就花掉，不太可能会向父母撒谎钱花到哪里了，也不太可能期望父母会给自己买想买的东西。

让女性受益一生的理财思维

WOMEN WITH MONEY The Judgment-Free Guide to Creating the Joyful,
Less Stressed,Purposeful（and, Yes, Rich）Life You Deserve

尊重他们的选择，而他们所导致的错误应该及早纠正。当他们选择
边吃爆米花边看电影，就不能允许他们等到电影放了一半后又决定吃
糖。随着年龄的增长，他们所选择的东西（游戏机、电话和大学）在大
小、范围和价格上也会跟着增长。有些东西你可以退回商店，拿到全额
退款，但有些东西是无法退货的。当他们在选择不那么重要的小东西上
犯错时，如果你常常去帮他们收拾烂摊子，他们就不会懂得搞砸重大选
择时要如何来应对。

正确的零用钱管理方法

为了学会怎么管钱，孩子们需要有钱来自己进行管理。定期
给孩子们零用钱，这是将钱交给他们去管理的一种方法。零用钱
的问题在于很多家长没能有效地利用起来。

想想我们在本章中希望能传达的部分思想：金钱是有限的。
你必须进行选择。很多事情没法重来。如果你给孩子们零花钱，
但又继续给孩子们出钱购买他们想要的每种东西，这实际上是浪
费了这个机会。正确的做法是要求孩子们开始自己出钱购买想要
的东西，而你给的钱应该不够他们满足所有愿望，这样他们才不
得不有所取舍。

所以，先不要急着确定零用钱的数额，而是从拟好清单着
手。你希望孩子们用自己的钱来买什么东西？对于年龄小一点的
孩子，是杂货店收银台那里摆放的糖果吗？或者现在类似于神奇
宝贝卡片（Pokémon）的东西（我真心觉得一些孩子仍然会想要
买神奇宝贝卡片）？随着他们慢慢长大，做个美甲？给朋友们的
礼物？游戏机？再大一点，给汽车加油？和朋友们外出吃饭？不

想拿便当那天就在外面吃午餐？衣服？

在拟好这份清单后，再想想你觉得这些东西每周可以买几次，然后计算需要的金额。这样，你就有了零用钱的基本数额。如果你觉得零用钱要足以购买学校的午餐，你也不想他们中午不吃饭，那么就增加一笔可自由支配的费用。如果这份清单上所有的物品都只是"想要"，而不是"需要"，那么就不用那么高的金额。

随着孩子们慢慢长大，清单上的事项应该慢慢增多，所以零用钱的金额也应该慢慢增加。这样做的目的是等孩子们上大学时，他们已经懂得如何来管理每个月和每个学期的生活费，不要在最前面几周就将钱花光了。

最后再提提零用钱的发放日期。我本人在发放零用钱上做得相当糟糕。我似乎总是没有现金，所以当孩子们指责我欠了他们几个星期的零用钱时，我总是觉得他们说得没错，然后就把钱给了他们。我肯定这样给出的钱要比实际应该给的多。这种方法没有什么效果。所以，在我女儿 12 岁、儿子 15 岁的时候，我开始通过电子转账给他们零花钱。我为他们开设了储蓄账户，这些储蓄账户和我的账户绑定。我设置了每周自动从我的账户转一笔钱到他们的账户。在他们能驾车到银行之前，我就像一个自动提款机。当他们需要现金时，我们就会坐下来，共同登录网上银行，然后他们将钱转回我的账户，而我则将同等金额的现金给他们。在去上大学之前，他们很开心不仅仅可以从自动取款机取钱，同时还能将自己生日时收到的支票（以及兼职和暑假工作的工资）存到账户里。等他们成年并开始工作之后，他们仍然使用我们此前建立的这套系统。至少在较短的一段时期内，我还是能远程进行监控。

让女性受益一生的理财思维

WOMEN WITH MONEY The Judgment-Free Guide to Creating the Joyful,
　　　　　　　　　　 Less Stressed,Purposeful（and, Yes, Rich）Life You Deserve

以身作则

同我和我认识的众多女性一样，我的朋友贝基起床后喜欢喝杯咖啡（或者两杯），睡前也喜欢喝杯红酒。一天，有了在卫生课上学到的知识，她 10 多岁的儿子大胆地说：“妈妈，你要知道，你每天起床时喝的是兴奋剂，睡觉前喝的是镇静剂。”这个道理贝基早就知道。此外，她（和我一样）觉得这样没问题。

关键是孩子们不会错过任何东西。他们不仅仅会学习我们所传授给他们的那些金钱方面的知识，同时也会观察我们同钱打交道时的一举一动。还记得我们在第一部分中谈到的那些金钱故事吗？你每天都在对孩子们言传身教。当我们自己有着良好的储蓄习惯，孩子们就有更大的可能也拥有良好的储蓄习惯。如果我们一边鼓吹储蓄，一边周末就开始购物求开心，那会怎么样？孩子们多半不会储蓄。

研究发现，二手烟对孩子们有害，二手的物质主义可能也一样有害。我们希望孩子们拥有什么样的价值观？比如抽时间陪伴我们在乎的人（包括他们），以及抽时间去为我们信仰的慈善事业做贡献？如果我们能以身作则，孩子们也就有更大的动力去抵制物质主义的冲动。

最后，在以身作则的同时，也要让孩子们看到你在金钱上犯错时是如何进行处理的。我们都会犯错。所以，扯下创可贴，把伤口露出来，和孩子们分享你的后悔、你的教训，甚至是你的尴尬。我的孩子们都非常熟悉我在 1987 年提前提取 401（k）中的钱并从街头小贩手中购买了一台电话答录机的故事。当时的价格是 20 美元，我觉得非常便宜。事实证明，那只是一块砖头。我一整天拿着那块砖头到处走，都没有打开过包装箱。孩子们觉得这实在非常滑稽。你分享的内容不重要，真正重要的是你进行分享的这种行为。他们会看到你在钱的问题上会犯错，但是你现在一切都好。这样他们会相信自己也可以犯错，也同样可以从错误中爬起来。

让孩子们学会回馈

这件事发生在多年前，我都已经不记得当时对话的背景了。当时，我所在社区的安妮是众多志愿者中的一个。老布什（George H. W. Bush）曾经称美国的志愿者和慈善机构就像"静谧广袤夜空中的……点点繁星"。安妮告诉了我她为什么选择去做志愿工作，投身慈善事业。她用一句话就解释清楚了："小时候，父母就是这样教我的。"

这句话很重要。如果你希望孩子们能成为给予者，就必须这样去教他们。他们的物质条件越充裕，这一点就越重要。佐伊现在 40 多岁，是两个孩子的母亲。她自己在纽约州一家非营利性组织担任主管。她有着深刻的领悟："我们家物质条件不错，（我希望孩子们能）懂得我们的钱过日子绰绰有余，有一定的捐赠能力。"在孩子们五岁的时候，她开始把孩子们生日时收到的礼物收起一半。等到圣诞节时，他们会将这些新玩具捐赠给当地的麦当劳儿童之家（Ronald McDonald House）。之所以选择这家慈善机构，是因为在捐赠了礼物之后，孩子们可以到麦当劳之家去看看，而其他慈善机构只是让你把礼物放在一个箱子里就完事了。

佐伊的这种方式让孩子们能够理解其中的意义，这一点非常重要。金融教育家苏珊·比彻姆也曾见过某些家长有着同样良好的意图，可惜有时候却事与愿违。在她所在的社区，有些家长会要求孩子们进行慈善捐款，而不是让孩子们把生日礼物捐出去。"在捐赠活动上，家长们会说，'约翰尼，告诉比彻姆女士我们是怎么捐钱的'。孩子们听了后疑惑

让女性受益一生的理财思维

WOMEN WITH MONEY The Judgment-Free Guide to Creating the Joyful,
Less Stressed,Purposeful（and, Yes, Rich）Life You Deserve

地看着家长。然后家长就提示所捐赠机构的名称，孩子们再鹦鹉学舌地告诉我。"很显然，孩子们通常并不知道那家慈善机构是干什么的，可能从来都没有去过。"家长们会自己去那家机构。他们的意图是好的，但忘记了让孩子们也参与其中。带他们一起去，那样孩子们才不只是听你们说，还能去看、去观察，这样才能真正地教会他们。"她说。

学会放手

总的来说，你所希望的就是孩子们能顺利地成年。这不是意味着整个过程会一帆风顺，而是指孩子们经风历雨之后能获得经济独立。

为此我们必须放手。这一点可能很难做到。在写这一章节期间，我儿子停在公寓楼下的车库的车被偷了。当然，他有车险，也有租客保险，可以弥补他堆在后座的物品的损失。但他还是很心烦，这也是可以理解的。他感觉自己遭到了侵害。我懂得那种感受。在 20 岁刚出头的时候，我有一个行李箱里面装满了东西，就放在朋友的后备厢里，结果被人偷走了。而他的情况更糟糕，小偷将整个车都偷走了。我感觉自己也帮不上忙，所以想用钱来帮他解决这个问题。"去亚马逊网站看看，"我对他说，"我出钱帮你买个背包，再买部手机，替换被偷掉的那些。""不，妈妈，"他说，"我不觉得因为那些东西被偷了我就应该去买好的。另外，如果想要，我可以自己买。我现在自己赚钱了。"

这句话听起来，似乎在强调他已经经济独立了。我表示支持和理解。因为那正是我们作为家长想看到的样子。

但放手有点像跳舞。就算孩子们已经离家，你仍然会在经济上支持他们，这种支持有大（帮助支付房租）有小（帮助孩子交电话费）。

继续提供这类经济支持会存在不良影响吗？什么时候应该切断最后的经济联系？孩子们在经济能力上应该达到何种标准时才能放手？《不要沉默：如何在孩子成年后培养良好的经济关系》（*Don't Bite Your Tongue: How to Foster Rewarding Relationships with Your Adult Children*）一书的作者露丝·内姆佐夫（Ruth Nemzoff）指出，在决定是否要停止资助孩子时，家长必须先掌握两类信息：一是，你必须知道你资助的钱是花在什么上面（很多家长并不知道）；二是，你必须清楚自己资助这些钱的目的是什么。是礼物、是贿赂、是激励，还是帮助他们实现某个目标？在懂得自己的动机后，你就能更轻松地进行改变。以下是五个重要的步骤。

第一步：对情况进行调查了解

先分析自身存在哪些物质需求、情感需求和期望，然后再分析孩子们的物质需求、情感需求和期望，最后再分析一下社会整体环境。子女成年后因为离婚或失业而暂时回父母家居住，或者大学毕业两年后因为没找到理想的工作还住在父母家，这是两种截然不同的情况。就后一种情况而言，你必须想想，是否正因为你的这种帮衬导致孩子过于吹毛求疵，实际上他们本应该接受下一个工作机会的。

第二步：保持坦诚透明

不管你是决定继续帮衬还是不愿意再帮衬，都要预先告诉孩子们你的决定。丽莎在威斯康星州经营着一家医疗健康公司。她的儿子正处于上大学的年龄，而她和儿子在钱的问题上态度非常明确。"我们达成了统一。作为学生，他的工作是好好学习，"她解释说，"如果他的平均成绩良好，那我们就会帮他出学费。我们希望他能懂得什么是职业道德，所以他要负责管理自己的钱。我们会出车险这类费用。但他知道，如果收到罚单，他就要自行承担保险费之外的费用。"

第三步：让孩子们懂得即将有所改变

不管你是打算削减每个月给孩子们的生活津贴还是已经做好准备等他们离家独自生活，都要至少提前六个月告知他们这些安排。这样他们才有足够的时间去明白，他们将必须增加整体收入或者降低整体开支来承担这些成本。告诉他们为什么要这样做。你不用为自己的理由去进行辩解。不管怎么样，那是你自己的钱。但给出你的理由，这一点很重要。如果你觉得继续提供资助会破坏他们独立生活的能力，直接说出来。如果是你无法再继续提供资助，因为你需要拿那笔钱照顾祖母或存起来等自己退休后养老，也请直说。

第四步：帮助孩子们制定预算

或者至少提出你可以帮助他们制定预算。我儿子的前女友大学毕业后，两个人复合了。当时我曾经帮助过他们。你可以使用 Mint 这类手机应用，或者只要纸和笔就能帮助他们弄清楚现在每笔钱的去向。先弄清楚他们每个月的收入和开支，然后再弄清楚现金流向。在这个过程中必须保持开放的心态，毕竟他们的生活方式和你的未必一样。我儿子有车，但他每个月要留出 250 美元用于坐优步。为什么？因为他和朋友周末出去玩时会喝酒，所以不开车。我完全能接受这一点。此外，告诉孩子们，如果他们遇到绊脚石，随时可以找你帮忙，共同查找问题。

第五步：乐于接受和尝试科技产品

最后，还有一种重要的情况。例如，孩子们会依然使用手机家庭套餐，这样可以节约整个家庭的开支。Venmo 和 Zelle 可以帮助你将费用分摊给大家，用不着每个月去追在后面要钱。它们可以算是天赐之物。孩子们可能早已经在朋友之间使用这些平台了。他们已经习惯于他人借助电子手段来催自己，并不会因此心生芥蒂。

理财思维小结

- 不管想不想，父母必须对孩子们进行财商教育。最好的切入点就是在家里的日常对话中纳入金钱这个话题。
- 各年龄段的孩子都必须懂得钱是有限的，而且他们必须懂得如何来分配自己的资源。
- 在准备放手让孩子们独立时，你必须提前告知孩子们即将进行哪些改变，这样他们才能接受并做好准备迈入人生的新阶段。

后续内容预告

人的寿命增长，一大好处就是我们与父母和其他长辈相处的时间也增多了。但随着父母和其他长辈慢慢老去，他们可能会需要经济和精神上的帮助。他们（和其他长辈）会希望你这个女儿能提供帮助。

 第 11 章

当父母渐渐变老

2017 年 12 月中旬，在一次日常通电话的过程中，我注意到母亲说话带有较重的鼻音。一周后，她开始干咳。等到圣诞节过后，流感爆发，我的继父鲍勃也感染了流感。

流感已经严重威胁到老人们的健康，而且那年的流感季节里病毒传播相当厉害。医生们常常会将病人收治住院，然后就是持续吃达菲（Tamiflu）。但我母亲和鲍勃天冷时会到佛罗里达州避寒，在那里有很好的医生，同时还有一大群朋友和家人。似乎他们在费城的邻居多数都会去避寒。需要我的时候，他们会给我打电话。

他们的一位密友突然意外过世，于是他们在佛罗里达州的那帮朋友都收拾行李前往费城参加葬礼。只是我母亲和鲍勃没有去。医生认为他们病得太重了，不宜出行。鲍勃在慢慢恢复，但我母亲的情况看起来反而越来越糟糕。我早已经开始考虑各种方案，坐飞机过去、请个护士、找医生将她收治住院等。这个时候，我的电话响了。

我有两个弟弟。尽管他们已经是成年人，能力出色，也是优秀的父亲，但我总是称他们是我的二弟和小弟。父亲过世后，母亲与鲍勃再婚，于是我又有了三个已经长大成人的继兄弟，他们也相当出色，其中一个在洛杉矶当医生。

这些兄弟都给我打了电话。他们默认要打电话给我，因为我母亲的病相对更重一些，而不是他们的父亲。我的亲弟弟们也是如此。他们这一生中都是如此，因为我是老大，也是家里唯一的女孩。在我家里，大家总是认为我是那个主事的人。

这并不是说谁想要逃避责任。我们每个人都愿意飞到佛罗里达州，也都表达了这种意愿。事实上，鲍勃的一个儿子已经率先去了那里。但有一点也很明确，即我要负责协调他们的照料事宜。我找了一位护士，她愿意在新年前漫长的周末里每天两次去看看他们。然后我通过生鲜杂货代购平台 Instacart 帮助他们购买日用品，平台负责送货上门。

我第一次感觉自己是父母的看护人。尽管父亲在过世之前曾经被病痛折磨了五年，但一切都是母亲在打理。我天生就善于解决问题，可是这个任务的确让人望而却步。我做得究竟够不够？还是做得太多？这个问题让人相当头痛。在 1300 英里之外远程进行操控，着实让人头痛。给那五位男士打了几个小时电话，而他们显然和我一样害怕，这也让人头痛。

对我和你们中的多数人来说，还有更多让人头痛的事情。就算你要处理的流感问题到 2 月份就会消失，你也必须明白，随着父母慢慢老去，前方总会碰到类似麻烦。越早明白这点，提前做好计划，就越能轻松处理。因为我们都是女儿，而女儿总是主事的那一个。

做好老人的看护计划

什么是看护人

看护人是一个庞大的群体，其数量还在不断增加。美国退休人员协

让女性受益一生的理财思维

WOMEN WITH MONEY The Judgment-Free Guide to Creating the Joyful,
Less Stressed,Purposeful（and, Yes, Rich）Life You Deserve

会（AARP）和全美护理联盟（National Alliance for Caregiving）的数据显示，全美有超过3400万人为年过50的家庭成员或朋友提供免费护理。看护人基本上都是50岁左右的女性，通常都还在工作，有自己的孩子。她们也会每周花20到25个小时去照看其他（女性）亲戚。有些看护人年龄更大，但大部分看护人都很年轻。近1000万千禧一代母亲是父母和祖父母的看护人。

看护人做什么呢？什么都做。看护工作涉及大量与健康相关的事项，要在保险业所称的"日常生活活动"方面提供协助，比如洗澡、喂饭、穿衣、梳妆和上厕所。但多数看护人还要处理日常事务，做家务，家居维修，以及一些财务方面的工作，比如支付账单。

这种护理的成本相当骇人。家人和朋友提供的非正式护理的价值估计为每年52.2亿美元，远超美国医疗补助计划（Medicaid）的总开支。每个女性家庭看护人的平均成本是多少？美国大都会人寿保险公司（MetLife）认为是近32.5万美元，包括养老金、工资损失和社保。这还没有包括近70%的看护人每年会从自己口袋里掏出约7000美元用来支付其他费用。

但那些只是统计数字。

老年病学专家玛丽·乔·萨维德拉（Mary Jo Saavedra）认为，她在工作中看到的看护人更像是在跳舞。当我们女性成为看护人时，最大的特点就是决心做正确的事情。每天，萨维德拉会碰到那些聪明、老练且受过良好教育的女性，她们已经做好准备，在父母需要时全力保护他们。如果父母同样能干，同样善于解决问题，那么要照看他们就会比较难。"孩子们和父母之间天生关系就会有点紧张。"萨维德拉说。她著有《老年人护理入门》（Eldercare 101）一书。成年人习惯了当父母，他们并不打算放弃自己的决策权。让子女去照看他们，这会让他们感觉受到了威胁，他们会去抗争。"找个折中的办法，我们希望这样能有效果。"她说。

唯一的方法就是做好计划。首先要接受事实，寿命延长意味着你到某个时间点可能要处理护理方面的事宜。此外，要明白护理的成本可能非常高昂。"做好计划和预算，因为护理可能会像现在的房贷和租房一样重要，"Care.com 网站 CEO 希拉·马塞洛（Sheila Marcelo）在接受HerMoney 播客的采访时说，"如果不预先做好计划，你的事业真的会受到影响。"受影响的还有你的生活。

进行对话

"母亲是我最好的朋友，所以我会和她讨论钱的问题，"特蕾西说，"我知道她们购买了长期护理险。我对他们的财务情况相当了解。我觉得哥哥对他们的临终计划可能了解稍多一些。"

特蕾西的这种情况并不多见。和母亲成为最好的朋友这种情况也不多见。2000 年，电视剧《吉尔莫女孩》（Gilmore Girls）一炮而红后，屏幕上母女相处融洽的画面才越来越多。不过，母女俩讨论钱的画面相对还不是那么多。

2016 年，富达投资集团调查研究了父母和他们已经成年的孩子们。何时适合与孩子讨论父母的财务情况呢？研究显示，三分之二的家庭在这个问题上存在分歧，而有三分之一的家庭表示必须等到退休且自身健康或财务已经出现问题后才能和子女讨论钱的事情，可惜那样为时已晚。不过玛丽·乔·萨维德拉明白为什么会这样。"讨论这个问题永远都不会太早，但总是（100%）让人感觉讨论得过早。"她说。可能原因

让女性受益一生的理财思维

WOMEN WITH MONEY The Judgment-Free Guide to Creating the Joyful,
Less Stressed,Purposeful（and, Yes, Rich）Life You Deserve

就在于下面这些方面。

- 69% 的父母表示他们早已和成年子女讨论过自己的遗嘱和遗产安排……但 52% 的孩子表示他们没有参与过讨论。

- 72% 的家长希望其中一个成年子女能够在必要时成为他们长期的看护人……但 40% 的成年子女表示他们并没有想过要成为看护人。

- 60% 的家长希望其中一个成年子女能协助自己打理钱和投资……但 36% 的成年子女并不知道家长有此想法。

- 72% 的成年子女认为，父母应该正在处理长期护理的问题……但只有 41% 的家长的确在这样做。

不管对父母这一代还是对子女那一代而言，这种脱节是个大问题。未来父母会存在哪些需求呢？如果对这个问题没有彻底的了解，将会影响到你自身的财务保障。凯思琳就是一个反面案例。"我担心父母并没有做好应有的准备，"她说，"如果他们年老后最终因为护理用光了自己的储蓄和投资，那该怎么办？"她不知道这个问题的答案是什么，因为父母从未和她讨论过。

事实上，当我们开始讨论这个问题时，几乎所有人（93% 的成年子女和 95% 的家长）都感觉变好。

那为什么我们要保持沉默呢？因为这种讨论让人感到不自在。父母感到不自在，是因为他们要面对自身的死亡，要去承认自己在经济上可能没有自己所想的那么精明，还要让孩子进入自己生活中最私密的领域。成年子女之所以感到不自在，是因为他们不想被当作贪财之人，不想对自己独立且能干的父母无礼，而且也不想面对父母的死亡。

现在你就明白，为什么那些信息在来回传达之后就像炒鸡蛋一样乱七八糟了。研究也已经显示，年老的父母希望能保持自己的自主性和独立性，但同时也希望孩子能够给予自己帮助，能够喊得动。当成年子女想要帮忙时，父母却又觉得被打扰了，但也同样感谢孩子们对自己的关心。

综合所有这些原因，再加上兄弟姐妹之间的手足之争，对话的道路上就有了巨大的障碍。要清除路障，唯一的方法就是要承认，如果不进行对话，我们的生活将会遭遇严重的冲击。如果等到需要时再开始讨论那些问题，或许会过于情绪化而无法做出理性的决定，而且也没有充足的时间来对各种方案进行研究和考虑。

50 多岁的埃米莉是纽约州东彻斯特的商务旅行顾问，她亲眼见到父母在照顾祖母时承受了巨大的压力。"她先是住在自己家里，后来搬到养老院，再后来搬来和我父母同住，"她说，"看到父母商量决定何时要动用祖母的可支配收入时，那一幕影响到了我。他们是在想什么时候雇人来搭把手吗？他们决定等到最后不得不如此的时候。这对我来说是相当重要的教训。"

好的，明白了吧？那要怎么样来进行这类对话呢？

首先，选择合适的时间。 不要选择在其他让人不安的事情发生时。是选择在感恩节时，当你忙这忙那确保有足够多的干净玻璃杯可用的时候吗？千万不要选这个时间。在感恩节前两天，在你轻松地清洗胡萝卜提前做准备时？选择这个时间要好很多。

其次，要找一个合适的切入点，一个开始谈话的理由。 老年法律师卡洛琳·罗森布拉特（Carolyn Rosenblatt）建议，以 65 岁这种重要的生日或退休这种大事为切入点。"这些对父母而言都具有重要的意义，"她说，"它们标志着一种变化，而对话也是要让父母明白将会发生的变化。他们会不可避免地老去。"

身为记者，我一直信奉采访时要通过自己袒露心声来换取对方的心声。你要先开口："妈妈，我刚刚开始看寿险。"或者说："爸爸，我正在拟自己的遗书。"本质上来说，你表达的意思是"做这些不是为了您，是为了我自己"。这样可以让他们立马松口气（他们这一生始终是将重心放在你身上）。在告诉他们部分重要的细节后，接着说："我意识到我们从未讨论过你们未来的计划。"或者换个说法，但意思是一样的。措辞不用完美无瑕，不过必须表达出这个意思。

如果没法使用你个人的经历，那么就借助朋友或同事的故事，或者利用新闻为切入点。艾瑞莎·弗兰克林（Aretha Franklin）、歌手普林斯·罗杰斯·内尔森（Prince Rogers Nelson）、迈克尔·杰克逊（Michael Jackson）和作家斯蒂格·拉森（Stieg Larsson）这些名人在过世时都没有留下遗嘱。喜剧巨星罗宾·威廉姆斯（Robin Williams）的家人在他过世后开始争抢遗产。马克·扎克伯格（Mark Zuckerberg）和普里西拉·扎克伯格（Priscilla Zuckerberg）已经承诺将其在 Facebook 的股份捐出 99% 给慈善事业。这就是三个很好的谈话切入点。

再次，谈话内容必须包括所有基本事项。 你要问的有以下这些问题：

- 你希望未来怎么样？
- 你老了后想住在哪里？
- 你设立了遗嘱／生前信托／委托书／医疗照护预先嘱托吗？我在哪里可以查找到？
- 哪些人在帮你打理财务／医疗卫生事宜？你能给我一份清单，便于我在需要时和他们联系吗？
- 你那些重要的文件放在哪里？
- 你有哪些账户？能给我一份清单（包括密码），便于我必要时进入这些账户吗？

- 你目前的经济情况如何？
- 你有长期护理险吗？

以上问题从根本上来说是非常重要的细节问题。谈话时必须讨论一下如果出现某些情况会怎么处理。

- 如果无法再自己照顾自己，你会怎么办？那时你想住到哪里去？
- 如果你们两个人中有一个先离世，另一个会怎么办？你们有没有想过住到哪里可能会更舒服呢？
- 如果有人注意到你的认知能力开始下降，你会怎么样？你会愿意我们告诉你那些问题吗？我们现在可以来谈谈如果发生那种情况，你想要怎么处理吗？

最后，乐于敞开怀抱。要问问父母："我们不久后再谈谈这个问题怎么样？"从很多方面来看，这最后一个问题也是最重要的。你希望让父母知道这种对话不是一次了事，而是随着时间流逝，事情发生变化后，你必须不断地进行讨论。他们应该知道，他们也随时可以来找你。

如果你尝试了却没有任何作用呢？那么就想想 40/70 原则，也就是到成年子女 40 岁或其父母 70 岁时，他们必须开始谈论这些问题。如果这样没有效果，那么请专业人士（父母的律师、会计或理财顾问，不是你的）来帮忙，组织三方谈话。在请专业人士牵头进行讨论的同时，也要尽可能多地提出你自己的问题。

家庭会议

在写这一章节时，我采访了众多专业人士。他们都提到了家庭会议的重要性，认为家庭会议是这个过程中"至关重要的一个环节"。但我母亲痛恨家庭会议。家庭会议让她感觉是在联合对付她。她相信其他很多人也有类似的感觉。她觉得其他所有人都会预先进行交谈、计划和密谋。她更愿意和孩子们一对一地进行交谈，然后若有必要再聚在一起。

两种方式都可行，只是如果你有兄弟姐妹，他们肯定都应该参与到关于护理或协助的对话中来。让大家尽早达成共识，这样能够将日后的冲突降到最少，也能让大家在必要时可以更轻松快速地采取行动。这样也能避免猜疑。如果兄弟姐妹之间真的存在手足之争，那是很难消除的。兄弟姐妹可能会觉得你（或其他任何主事的人）想从中给自己谋利。他们可能会告诉你父母，他们觉得你的计划不好。这样也会导致你竭尽所能去帮助的那些人（也就是你的父母）背负上更大的压力。

此外，几乎所有主要的看护人最终都发现，他人的帮助很有意义。所以在这个过程中，至关重要的工作就是尽早明确每个人的意愿，弄清楚每个人能够扮演什么样的角色，发挥哪些作用，并且争取到大家对该计划的支持。需要哪些角色呢？这个问题的答案可能非常清晰明了。我有一位朋友是财经记者。她的一个姐姐是医生，另一个姐姐是律师。在她们家里，她们轻轻松松就确定了由谁来处理法律方面的事情、谁来处理医疗卫生方面的事情，以及谁来打理钱方面的事情。通常情况下，这种分工不会那么容易处理，但你必须做出决定。

你们还必须指定一位协调人，可以同医生打交道，而且最好是住得比较近，能够去预约医生，提出问题，并且和未来聘请的护理人进行交流。通常而言，这个人也是医疗卫生事务的被委托人。如果家中无人能担任此职，可以考虑聘请一位专业人士，也就是老年护理专员（我们会在下文中做更详细的介绍）。

这里的重点就是你必须去做这些事情，尽管这些事情不是那么让人开心。在这个过程中，可能会有分歧，可能会感到受伤，但处理这些事情就像为兄弟姐妹之间的关系购买一份保险。毕竟在父母过世之后，兄弟姐妹还在。当我们姐弟三人在餐桌上相互攻击时，我父亲就会启动第537 号规定：你们最好相互支持，因为等到人生走到尽头，陪伴你们的只有彼此。

关注老人的日常行为

节假日（如果正好是在母亲节或父亲节）很重要，其中另有原因。节假日让你有机会亲眼去看看父母的状态。如果你此前没有和父母长时间相处，那么就应该安排时间去看看他们。

父母永远都是父母。就算你鼻窦发炎导致发烧 38℃且持续一周，你也会轻描淡写地告诉孩子们你"只是得了小感冒"。同样的道理，很多年龄偏大的父母也不想因为疾病而麻烦你们。用我继父的话来说，他们和朋友们吃顿饭就是为了"能絮絮叨叨地说说自己的病痛"。他们可能也担心如果让你看到他们的状况，你会开始采取行动限制他们的独立。

你必须为了自己去看看、去闻闻、去摸摸（比如某个地方的灰尘已经堆了多久了）。不要认为这样做不好。"你不是在窥探，"社工、心理治疗师、家有一老网站（Parenting Our Parents）的运营者简·沃尔夫·弗朗西斯（Jane Wolf Frances）说，"你只是作为一个负责任的、热爱家人的家庭成员去打开冰箱看看。冰箱里有什么？缺什么东西？看看医药箱。他们现在吃什么药？谁给他们开的处方？这些药放了多久？"再看看整个房子。浴室里面是否有扶手？他们是否就住在楼下，没有像过去那样常常上楼？

再看看房子里堆积的纸张。等到 70 岁时，10% 的人已经开始慢慢丧失部分认知能力。到 80 岁时，半数老人已经存在一定程度的认知功能障碍。这种情况会率先在财务领域突显出来，所以看看堆在那里的账单。这些账单是否都打开过？账单是否看上去都没有付款？家里是否堆着大量的快递箱？如果有，说明他们正进行大量网购和电视购物。他们是否在家里放着很多现金？所有这些都是让人担心的迹象。

最后，再看看父母的状态。他们走路如何？他们是否比上次看到时显得更虚弱？他们的情绪如何？说话呢？如果他们最近曾经摔倒过，直截了当地问一下情况。

我的继兄加里（他是医生，喜欢黑色幽默）在离开前会最后对我们的父母说一句："不要摔跤。"美国老年人每年大概会摔倒 3000 万次，但他们通常并不会告诉儿女，因为他们觉得那样就是在把自己往养老院送，再也回不了家了。摔跤的确是导致 65 岁以上老人受伤的第一大原因。很多其实是可以预防的。加里已经撤掉了父母家里所有的小地毯，而且我们在母亲和鲍勃前来做客时会在洗手间里都安装便捷式扶手。

处理护理的高昂成本

有一个问题是无法绕开的，那就是护理的成本。Genworth 公司的数据显示，全美成年人日间护理全年的平均费用为 18 200 美元，赡养院每年的费用为 45 000 美元，家庭护理的成本为 49 192 美元，而养老院的单间费用是 97 455 美元。这个成本有时候可能还会比这些数值高出不少，具体取决于你所在的地区。Age Wave 公司的研究揭示，50 岁以上的美国人中，63% 的人并不认为他们会需要长期护理，而实际上 70% 的人最终需要。

所以，谈话时，第一个问题就是："你的财务状况如何？"或者是："你的钱够花吗？"你需要通过这些问题获得以下详细信息：

- 父母有多少钱?
- 父母的收入情况如何?
- 父母花钱的速度怎么样? 即在拿到社保和养老金支票后，他们还会动用多少储蓄金来填补缺口?
- 他们的房子现在值多少钱? 是否还有房贷没有还完?
- 他们还有其他债务吗?
- 他们是否有长期护理险?

这种对话可能会让你和父母感觉侵犯了隐私。我在写下这些问题时感觉我在入侵母亲的空间。她和我会定期讨论这些问题。但不管怎么样，坚持问。如果在第一次谈话时得到了一两个答案，休息一下，一周左右后再问。向父母解释，你这样做不只是为了他们，也是为了你自己。事实的确如此。你必须尽早了解他们的钱短缺多少，这样才能和兄弟姐妹一起有针对性地做好计划，并同时打理好自己的经济状况。

在了解了他们在经济上存在哪些需求后，你就可以开始计划自己在金钱和体力上可以提供哪些帮助了。

很多家庭看护人会错误地拿护理成本同他们的收入直接进行对比。如果他们的收入和护理成本相当或略低，他们就会辞职来照顾父母。但通常情况下，从长期的保障角度出发，更好的选择是继续工作，让自己的养老金账户和社保分能够继续累积，并同时聘请专业的看护人，即使当前的这些收入和护理费用相差无几。

要注意现金流。Age Wave 公司指出，近半数看护人并没有去对自己的开销记账。不管是从计划还是从缴税方面来说，这都是错误的做

让女性受益一生的理财思维

WOMEN WITH MONEY The Judgment-Free Guide to Creating the Joyful,
Less Stressed,Purposeful（and, Yes, Rich）Life You Deserve

法。你不记账，就无从衡量多和少，也就无法进行控制。如果你要承担
父母 50% 以上的开支（即使父母并没有和你住在一起），你或许可以在
报税时将父母作为被赡养人申报。你或许也有资格申请被抚养人看护费
用优惠。他们的医疗费用也许可以从应纳税金额中扣除。

你是否应该为父母购买长期护理险来避免自己承担护理费用呢？
这些保险费用高昂。60 岁已婚夫妻三年的长期护理险保费每年在
2000~3000 美元之间，而且随着年龄的增长，保费也会增长。但如果你
个人或者你和兄弟姐妹能够承受得起，买保险就意味着以后不用再出护
理费用，或者不用依靠美国医疗补助计划的福利金。如果你是个人购
买，可享受到的服务会受到更多限制。

我们自身的长期护理问题

富达投资集团的数据显示，一对 65 岁的夫妻退休后不能报销
的医疗费用可能平均会达到 28 万美元。这尚且不包括长期护理的
费用，而我们中 75% 的人平均会有三年的时间需要长期护理。

你要怎么来支付这笔费用呢？如果你有至少数百万美元流动
资产，就可以拿那笔钱进行投资，然后用投资收益来支付护理费
用。如果你的资产不足 50 万美元，护理费用会快速吞噬掉那些资
产，但你可以享受美国医疗补助计划，后者的确可以覆盖长期护
理。如果你属于两者中间的情况呢？或者如果你有数百万美元，
但你想把钱留给孩子，而不是花在自己的护理上呢？

这时候，长期护理险就能派上用场了。长期护理险不便宜。
如果保险金额为 40 万美元，55 岁单身女性每年支付的保费要比
55 岁男性多 1000 多美元。为什么？因为女性寿命更长，而且因

为我们通常在生命走向尽头时都是孤身一人，所以更可能需要长期护理。因此，相比于夫妻或母亲们而言，长期护理险同残疾险一样，对单身女性和那些没有小孩的女性来说更重要。

这些保险非常复杂，所以要认真选择，并且找一位这方面的专业保险经纪人。找那些财务实力评级较强的公司和包括通货膨胀附加条款的保单，并且争取在 60 岁以前购买。购买的时间越晚，保费就会越高，或者你会因为健康原因而被保险公司拒单。你也可以考虑一些更新的混合保单，即综合终生寿险和长期护理的保险。如果需要护理，你就可以动用保险。如果不需要，这些钱最终会留给你的继承人。

如何帮父母处理财务问题

到某个时间点，你的父母或许不再有能力打理自己的金钱。可能导致这种情况出现的还并非认知功能障碍。如果一直是由父亲管钱，在他过世后，母亲可能完全不知道接下来要怎么办。你可以和她一起（也可能找个理财顾问），帮助她了解自身的财务状况，或者你可以参与进来，在一定程度上帮助她打理。

你也可以尽可能地去引导一下，预先避免一些问题。在父亲过世后，我试图教母亲如何在线支付账单。她非常谨慎，完全没有兴趣。此后，她开始和鲍勃约会，全身心地投入这段感情。鲍勃非常熟悉网络，常常在家中扮演技术支持的角色。从这段经历中我懂得，孩子们可能比我们更适应技术环境，超出我们 1000 倍，而我们也比父母更适应技术环境，超出他们 1000 倍。尝试从他们的同伴中找到最懂技术的人来帮

让女性受益一生的理财思维

WOMEN WITH MONEY The Judgment-Free Guide to Creating the Joyful,
Less Stressed,Purposeful （and, Yes, Rich） Life You Deserve

助他们了解科技技术。

接着拟订一份财务日程表，让相关事务能够井井有条地开展。在社保或养老金到账后直接支付账单。如果信用卡、水电气等公共事业以及其他账单的支付周期不太方便，打电话给收款方，请他们调整支付周期。如果父母希望你能来帮忙打理这些事情，他们可以给你相关权限，让你能通过网络随时查看他们的账户，帮助他们支付账单。有些收款方甚至会在父母未按期支付时通知你。

假如你的父母同意，你可以和他们的各种顾问建立联系。和他们一起与律师、会计师和理财规划师碰面。如果计划未来靠房子来养老，你可能会需要他们的房地产经纪人的名字。如果需要你参与更多，或者是直接接管他们的财务管理工作，那就涉及法律层面的工作了。以下步骤供大家参考。

- 告知他们的顾问当前的情况。起草相关文书（稍后会做更详细的探讨）的律师将会知道你有财务方面的委托书，但理财顾问和会计也应该知道这一点。
- 准备一份行为能力下降函。这是一份父母和其顾问之间的协议，如果他们的认知能力下降，依照该文书允许顾问同持有委托书的人联系。
- 获取账户的在线访问权。即使父母喜欢纸质账单，但几乎所有账户现在都可以有电子版账单。利用你的委托书获得父母银行、证券经纪、信用卡、水电气公共事业以及其他账户的访问权，这样你在必要时可以对账户进行监控。
- 避免联合账户。父母可能会提出将你的名字加到账户所有人中。千万不要同意。如果其中一人的信用遇到麻烦，另一人也将被波及。同样，在父母过世后，联合账户内的资产就会成为在世者的个人资产。如果你还有兄弟姐妹，那种做法就可能会导致大家因为财产继承问题发生口角。

最后，如果你或你的兄弟姐妹无法亲自来做这些工作，也可以聘请一位日常理财经理来支付账单、对账以及处理父母的日常财务问题。你可以访问 AADMM.com 网站通过美国日常理财经济协会（American Association of Daily Money Managers）来寻找合适的人选。

律商联讯（LexisNexis）的数据显示，只有不到半数的美国成年人进行过正式的遗产规划。那是一个大问题。如果父母或其他长辈生病或突然丧失了行为能力，我们可能没有法定权利去处理他们的财务事宜，甚至更糟糕的状况就是对他们的护理安排都没有发言权。你要力争避免监护权的不明朗，否则你将不得不通过法庭来接管父母的护理。这样费用就会非常高昂，而且过程相当痛苦。但如果你的父母事先请律师起草了下述文书，这些问题就都可以避免（此外，你同样也应该准备一份）。

- 财务永久委托书。该委托书授予另一人代表委托人处理财务事务的权力。

- 医疗护理永久委托书（又称医疗护理代理书或医疗照护预先嘱托）。该委托书授权另一人代表委托人针对医疗卫生相关的问题进行决策。委托书上应该确定并授权第二受托人，以避免第一受托人不愿意或无力承担这些任务。

- 生前遗嘱。告诉你的医生 / 医院当你生病或丧失行为能力时对护理方面有什么想法和要求，其中包括生命保障方面的要求。

- 健康保险异地转移和责任法案（Health Information Portability and Accountability Act，HIPAA）同意书。HIPAA 负责对你和你父母的健康信息保密。如果父母希望你了解他们的医疗护理信息，他们必须签署一份表格，允许医生向你提供那些信息。医生的办公室将会保存那些表格。

再来说说这些文书。有时候美国各州会对文书有不同要求。如果你

让女性受益一生的理财思维

WOMEN WITH MONEY The Judgment-Free Guide to Creating the Joyful,
Less Stressed,Purposeful（and, Yes, Rich）Life You Deserve

的父母（或你）平时待在多个州，你要确保这些文书适用于多个州，或者针对每个州准备相应的文书（如若这样，请确保这些文书内容一致）。如果没人知道这些文书的存在，这些文书就没有任何用处。所以可以在父母的钱包里（是的，以及你自己的钱包里）准备一张小卡片，卡片上注明那些文书的存在和联系人。你自己留着备份，并且也为兄弟姐妹准备文书的备份。

最后，鼓励你的父母共同起草一份文件，作为紧急情况下的流程图。我的继父鲍勃称这个文件是"说明和建议书"，因为这份文件也可以包括家长希望孩子如何来处理众多事物，比如让兄弟姐妹一起来参与护理工作、支持重要的慈善事业，以及如何安排他们的生活等。我已经起草了这份文件，我觉得你们也应该起草一份。文件里包括所有重要文书（合同、信托、社保卡、出生证明）的存放点、密码、机构和重要联系人的名字和电话号码、账户清单、保单、保险柜，以及其他你认为和自己生命相关的重要事项。每年要更新一次。

照顾好自己

全美护理联盟的数据显示，近 40% 的看护人因为要应对庞大的需求而在情绪上承受着巨大的压力，但很多人甚至没有认识到压力的负面影响。梅奥医学中心（Mayo Clinic）发现看护人压力过大时会出现九种迹象，其中包括体重增长或下降，睡眠不足（不能保证每晚七到九个小时）或过多，容易发怒，身体出现头痛、背痛、胃痛等症状，或者发现过度借助酒精或止痛片来舒缓自己。

我们必须明白，当要进行长期护理时，你必须寻求帮助，就是需要举全家之力。如果你需要远程照顾服务，则需要举全国之力。

"痛苦不堪，提心吊胆，精疲力竭。"这就是丽莎在 800 英里之外照顾自己丧偶母亲的感受。她来自芝加哥，是位犹太拉比，育有三个孩子。"离得那么远，不知道要干什么，也不知道什么才是正确的做法，这太难了。"主要因为距离太远，丽莎和妹妹（住得离母亲也很远）决定聘请一位老年护理专员。美国国家老龄化研究所（National Institute on Aging）称这些老年护理专员是"专业亲戚"。这些老年护理专员有些是护士，有些是社会工作者，还有些人拥有美国国家认证护理专员学会（National Academy of Certified Care Managers）、病例管理认证委员会（Commission for Case Manager Certification）或全美社会工作者协会（National Association of Social Workers）的老年护理专员证书或老年生活护理职业认证（Aging Life Care Professional）。老年护理专员可以协助你起草护理计划，寻找必要的专家来实施该计划。你可以访问 AgingLifeCare.org 网站通过老年生活护理协会（Aging Life Care Association）来寻找合适人选。通常来说，你要花 250~750 美元对老年护理专员进行初步评估，此后每个小时的费用为 150~200 美元。

丽莎称她找的老年护理专员是"救生员"。在丽莎"举全家之力"的时候，这位老年护理专员就是其中重要的力量，但也只是其中一员。她还借助了以下其他人的力量：

- 家里的看护人员。
- 看护机构（即看护人员的雇佣单位）。
- 妈妈的闺蜜。她们在需要时会立马去往家中或急诊室。
- 妈妈的朋友们。他们会去家中看看。
- 丽莎的朋友们。她们能帮忙去看看，能倾听和支持她，并且不管她在不在母亲家都可以前去帮忙。
- 一个堂兄。他和丽莎母亲住在一个地方，出现紧急情况时能前去处理。

让女性受益一生的理财思维

WOMEN WITH MONEY The Judgment-Free Guide to Creating the Joyful,
Less Stressed,Purposeful （and, Yes, Rich） Life You Deserve

- 一个在丽莎母亲家工作了 30 余年的钟点工。她会负责做饭，去看看丽莎母亲，甚至不上班时都会去家里转转。
- 医生，会同丽莎和她妹妹进行交流。
- 可以送货上门的药房。
- 电工、杂务工和管道工，紧要关头能够找他们帮忙。
- 当然还有丽莎的妹妹（丽莎说："我没法一个人搞定所有这些事情。"）。

此外，还有一位全家共同的朋友。这位朋友多年来一直为丽莎的父母在投资上提供建议。每个月他会核查一下丽莎母亲的财务状况，在必要时调整一下她母亲的投资，并且"告诉（她）要做什么"。谢天谢地，丽莎不用担心钱的问题。她父母有储蓄，有投资，而且做出的决定都挺明智。但那并不意味着处理财务方面的工作就会很轻松。"去看母亲时，我会检查一下她已经支付的账单，读读她的投资和银行账户报告，然后将她的这些文件归档收好。我会帮她收集整理要交给会计的文件。我会和那位全家共同的朋友一起研究一下母亲的投资。我要定期向母亲解释她有哪些资产。"

从几个方面来说，丽莎是幸运的。她母亲仍然住在自己的家中，生活在自己的社区，而丽莎是在那里长大的。母亲的医生、会计和其他顾问都不是陌生人。如果你不认识父母生活中的那些专业人士或邻居，那么现在是时候主动去认识一下了。同样要去认识一下钟点工、负责遛狗的人以及其他定期为父母提供服务的人。在聘请任何会待在你父母家提供服务的人之前，先检查他们的推荐信和背景。搜索他们的名字和关键词"护理"或"看护人"。到网站看看在线评论情况。如果有经济能力，还可以考虑从全美专业背景筛选协会（National Association of Professional Background Screeners）找人帮你进行背景核查。不过 Care.com 的希拉·马塞洛指出，不要就此止步。"我非常推崇审计、突击检查和预约检查，确保看护人是不是合适人选。"她也非常支持安装摄像头，当被看护人可能患有阿尔茨海默病，无法正常进行沟通或无法正常表述自己时尤为如此。但前提是你要明确地告知看护人这些摄像头的存在。

关于借助他人之力还有最后一点需要注意。明晰的要求是其中的关键所在。老年护理律师妮可·威普（Nicole Wipp）指出，你必须对需要完成哪些工作、何时完成，以及如何完成有非常具体的要求。不管是对专业人士还是对那些帮忙的朋友来说，这点都是要做到的。"我们不能等着别人来读懂我们的心思，明白每天要完成什么工作，或者懂得哪些会对我们个人来说最有帮助。"她说，"如果你不说出自己想要他们做什么，他们就只是上门，然后根据自己的理解来开展工作。但半数时间里，那些并不是你想要的。"

如何为父母选择舒适的养老生活场所

大多数婴儿潮时期出生的人希望自己能在现在生活的地方养老，不想搬到那些专为老年人设计的地方去，这就是我们所说的居家养老。你的父母最初可以独立生活，等到必要时再聘请看护人和其他人来帮助自己。

成年子女则有着截然不同的想法。"成年子女自然会马上表示父母应该搬到离自己近的地方，这样方便照顾他们，"老年病学专家玛丽·乔·萨维德拉说，"问题就在于，那样会让父母脱离其原有的社会结构。孤独就像每天吸 15 支香烟和过度肥胖一样致命。拥有一定的社会联系，让自己的生活有一定的意义，这对人们的精神气而言非常重要。"但还不只如此。你有着良好的意愿，可那种做法会让他们离开自己的医生、自己的活动以及自己的日常生活。

让女性受益一生的理财思维

WOMEN WITH MONEY The Judgment-Free Guide to Creating the Joyful,
Less Stressed, Purposeful (and, Yes, Rich) Life You Deserve

所以，问问他们："你们想在哪里生活？你们有经济实力这样做吗？"

答案1：如果他们想要留下……

认真检查一下父母的家，看是否需要进行改造。哈佛大学住房研究联合中心（Joint Center for Housing Studies）2014年的报告显示，适合老年人生活的房子必须拥有以下特点：门口无台阶，生活区域无台阶或楼层，门廊的宽度达到36英尺（门厅宽度要达到42英尺，便于轮椅通过），电气开关可以触碰到，而且门上配备把手，水龙头采用单柄水龙头。但美国只有1%的家庭可以达到这些要求。

当然，要达到这个标准需要耗费一定的资金。如果父母需要钱来进行房屋改造，或者因为其他原因需要钱，你可能会想到倒按揭的办法。倒按揭是让人们将自有产权的房屋抵押给金融机构来贷款，而自己继续住在房子里。这种按揭非常复杂，成本高昂。不过有些情况下，倒按揭可能也是一种办法。

这种贷款的利率是固定的（这是一件好事），而且借款人可以选择一次性拿到所有贷款、每月递增领取（就像是拿工资一样）或者是作为授信额度，只要支付所动用金额的利息。最后一种方式最具吸引力，因为借款人可以将倒按揭作为一种住房授信额度，仅仅用来应急。当股市暴跌，而父母不想将养老金账户中的资产出售（因为他们觉得股市终将反弹）时，他们可以利用房子去贷款来获得生活费用。此后，当市场反弹，他们可以偿还倒按揭，然后继续使用自己养老金账户里的钱。

金融机构在兜售这些贷款时强调贷款要等到房主死亡或至少在其他地方居住一年时间以上后才需要偿还。这点没错，但倒按揭的缺点就是当用房产去贷款后，利息将会累积。当你父母（或你）将房产出售，倒按揭的利息将吞噬掉那些钱。他们（或你）可能会卖房后一分钱都拿不到。如果父母需要搬到赡养院或养老院，他们迟早要用现金。

答案 2：如果他们想去……

所以，我们就会去考虑更多方案。一种方法就是换更小的房屋，或者搬去配备了更多老年人生活设施的房子。另一种方法就是搬去特意为老年人设计的社区，例如赡养院或持续护理退休人员社区（CCRC）。有些地方只提供基本服务，但有些地方就像邮轮一样会提供众多服务和休闲设施。在成年人搬入后，他们通常是自己生活。当需要额外的护理时，他们可以搬进赡养院，并且最终在必要时搬入该地区的养老院，那里可以提供 24 小时的看护。

达纳来自加利福尼亚州，是太阳能领域的一名创业者。她介绍说，她父母很多年前甚至拒绝考虑赡养院，后来决定去看看持续护理退休人员社区。他们一下子就喜欢上了那个地方。"他们感觉就像搬到了度假村一样，"她说，"我父亲可以在那里剪头发。那里还有很多服务和活动。"但价格非常高。申请入驻时首先要有信用卡，然后还会对父母二人的净资产进行深入调查。达纳父母签署的合同规定他们必须卖掉自己的房子，而且持续护理退休人员社区拥有其资产的优先购买权。"我们最终成功争取到用书面文字规定，他们不得因为没钱而将任何一个人赶出社区，"达纳说，"他们只有在确定自己有经济收益的情况下才会接收你。"

这种情况很常见。要迁入持续护理退休人员社区，通常需要大概 10 万美元到 100 万美元的存款（有时候称为门槛费），平均约为 25 万美元。那笔钱相当于机构的一种保险，为的是应对你父母未来可能需要

让女性受益一生的理财思维

WOMEN WITH MONEY The Judgment-Free Guide to Creating the Joyful,
Less Stressed,Purposeful （and, Yes, Rich） Life You Deserve

的护理。接下来每个月还要交费，最初是几千美元，后面会慢慢增长。所有这些都将在和你签署的合同中做详细规定。确保父母或家中其他任何人在签署合同之前请律师先审核一遍。

我母亲曾经提出她更愿意和我与我丈夫一起住，不想去任何赡养院。这是现在相当流行的一种想法。美国退休人员协会的数据显示，最近数年里，搬去和成年子女居住的父母数量激增。在做出此类决定之前，你还有很多事情需要考虑，比如说家中空间是否足够，你家中是否需要进行重新装修以适合与父母同住，还有你需要找哪些服务来确保自己可以继续工作（如果你有这个计划）。你甚至可能会决定，父母不要搬过来同住。不管怎样，你必须有所决定。我就是这样决定的。

我丈夫和我最近考虑搬到费城中心城区去生活，因为我母亲住在那里。正如你们所想的那样，我母亲在担心这个问题。她担心我在那里会没有什么朋友，我每周要去纽约市工作几天，而交通会是个大问题。她最害怕的是这一切都是为了她。其实不完全是为了她。我们为的是节约税金，还有那里房产价格相对低一些。那里距离我们夏季常去的海滩社区也很近。事实上，家里很多成员都住在那附近。但的确，那也是为了她。我们将不断地讨论这个问题，让大家都能轻松地接受那个决定。

理财思维小结

- 看护人就像（现在或可能是未来的）你我她。我们都是女性，有自己的职业，有自己的孩子。在全职工作之余，我们还要抽出时间来照顾自己的父母。而我们的目标就是在照顾父母的同时不会影响到自身的经济发展。如果聘请看护人的成本与你自身的薪水相当，那么聘请一位看护人，这样你可以继续维持自身的收入增长。

- 如果我们和父母不断地就他们现有的经济能力进行对话，了解我们和兄弟姐妹需要提供哪些帮助，然后清除在提供帮助的过程中可能存在的经济和法律障碍，这样我们就可以做好更充足的准备。
- 在照顾父母的过程中，千万不要忘了自己。你也和他们一样需要准备遗嘱、委托书和其他文书。50 岁左右的时候购买一份长期护理险（如果你有此打算的话），那是最合适的年龄。

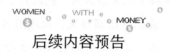

后续内容预告

做一个有钱的女性，最大的优势之一就是我们不仅仅可以为孩子和家人留下一份遗产，同时还能去影响身边的世界。下面我们来谈谈要怎么做。

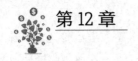

第 12 章

为后代留下一笔遗产

我丈夫脑子里总是在想究竟多少钱可以让我们在未来维持现在的生活水平。等到我49岁那年，他51岁，我们的资产已经达到了那个数字。所以，我们开始商量接下来要怎么做。我们有了足够的钱，那就直接退休吗？理论上来说，我们可以那样做。但我们当时都喜欢自己的工作，所以我们决定继续工作。从大的方面来说，这意味着我们可以为自己看重的慈善事业做贡献，那让我感到兴奋。我感觉将财富交到正确的人手中，那样可以改变这个世界。

丽莎

威斯康星州医疗保健公司经营者

对此我想说：太对了。这是非常女性化的一种反应。

瑞士苏黎世大学（University of Zurich）的神经系统科学家对比分析了男性和女性在就捐赠做决策时大脑内部活动的差别（你可以使用核磁共振成像来看到大脑内部的活动）。他们发现，女性的大脑对慷慨大方的冲动（施与他人）反应更强烈，而男性大脑对自私的冲动（为自己谋利）的反应更强烈。2017 年，《科学日报》（*ScienceDaily*）发布了这些研究人员的发现。他们指出，这种差别可能是与生俱来的，也可能是后天培养的影响。其他研究也显示（相比男孩而言），女孩会被鼓励要慷慨大方，而且在表现得慷慨大方时会得到表扬。我们大脑内的那种活动可能并非是与生俱来，而是慢慢学习而来的。不管怎样，我们的确会觉得想要去回馈社会，在我们的孩子身上、在我们的社会和这个世界上留下一定的印记。而且我们中的很多人对此有着强烈的感受。

遗产的意义

"Legacy"（遗产）是英语语言中最含糊不清、最令人紧张不安的词语之一。它可以指因为父母曾经就读于常青藤联盟大学，孩子们也就可以进入那些学校，也可以指废弃过时的电脑软件。但多数情况下，我们觉得它是指极其富有的权势人物在过世后留下的东西。

还有一个更好的定义：遗产是指你希望给其他人的生活带来的影响。它是一种礼物，有时候是金钱，有时候不是，而你不一定非要等到离世后再将它传递下去。

事实上，个人遗产咨询公司（Personal Legacy Advisors）创始人苏珊·特恩布尔（Susan Turnbull）认为，等到离世就是在浪费机会。你有何遗产？你希望遗产能发挥什么作用？思考这些问题，也就是思考你希望给这个世界和你的生活圈带来哪些影响。回答这些问题不仅仅是开始为未来进行资产规划，也是在为自己在世的生活提供指导。

不管是从情感还是从策略上来说，这都是财务规划的难题之一。你要去思考：我希望能带来什么影响（你想消除饥饿？消除枪支暴力？你希望下一代能更有同情心或者是帮助一两位特定的女性晋升到高管层）？你想要影响的对象是谁（你自己的小孩？你的社区？夺去你家庭成员生命的某种疾病的受害者？遥远国度的居民）？你希望什么时候能真正见

让女性受益一生的理财思维

WOMEN WITH MONEY　The Judgment-Free Guide to Creating the Joyful,
　　　　　　　　　Less Stressed,Purposeful（and, Yes, Rich）Life You Deserve

到那些影响生效？（现在？以后？现在和以后）？你将如何实现自己的目标（捐钱？做志愿者？进行指导？或者用特定的方式来教导孩子们）？

关键在于，这些选择都要由你来做出。

- 克莉丝汀（30多岁）是来自肯塔基州的创业教练。她曾经怀孕，是一个女孩，可惜胎死腹中。于是她和丈夫创立了一家非营利性组织，帮助其他有类似经历的家庭修复创伤。她说："我想帮助其他人明白，这种创伤会改变我们的人生，但在遭受创伤后我们不仅仅可以走出来，还可以将日子过得红红火火。"

- 黛安（60多岁）退休前曾经在新泽西州担任学区督导。她在泽西海岸的海景房已经在家族中传了几代人。她决定让这套海景房顺利地传到下一代的手中。她说："我们已经做好安排，这样我儿子只要缴税和支付杂费就能够接手。这套房子是我们家族世代相传的宝贝。它是我祖父母的房子，是这个家族的核心。我希望能为我儿子提供一定的保障，让这套房子不会成为他或他孩子的经济负担。"

- 珍（30多岁）来自田纳西州，是一位商业银行家，已婚。她认为自己"爱钱"，不仅仅因为钱让她的四口之家过上了比较舒坦的生活，同时还因为钱让她可以去帮助其他人。她说："我们的生活开支远远低于自身的经济水平，而且我们喜欢尽可能地通过多种方式去进行捐赠和帮助他人。对我来说，财富的积累只是证明自己有能力将它们传递下去。钱生不带来，死不带去。我希望和祈祷我的孩子们能有稳定的经济生活，这样他们就不需要我们的钱，我们的财富就可以去帮助其他很多人。"

为孩子们早做准备

在第10章中，我们讨论了要让孩子们珍惜你为他们创造的美好生活，让他们尊重你为此付出的辛勤工作和金钱。从某些方面来说，这就是为未来做准备。在你离开人世后，他们会继承你的部分或全部遗产。我们都曾经听过继承人财务管理不善或走上歧路的故事。威廉姆斯集团（Williams Group）总裁艾米·卡斯托罗（Amy Castoro）表示，那种情况不是什么例外，而是基本规则。该集团主要是为富裕家庭提供咨询服务。其研究发现，70% 的家庭在财富从一代传到下一代的过程中败落。在分析个中原因时，他们发现，60% 是因为沟通或信托问题，25% 是因为继承人没有做好准备，而 10% 是因为家庭成员的价值观存在差异。

通常不仅仅钱没了，兄弟姐妹和其他家庭成员之间的关系也断了。"最让人伤心的莫过于孩子们继承了钱之后没有了方向，"卡斯托罗说，"他们因为手头充裕而花天酒地，不知道究竟什么才重要。"不一定要继承数百万美元才会那样。她表示，她曾经看到有家庭因为 15 万美元而破裂的。她坚称："钱的多少并不那么重要。"

再次强调，准备工作要从谈话开始着手。这种谈话不是一次性的，而是在有生之年持续进行。如果你打算过世后将钱留给孩子们，或者是计划在世之时就将钱先给他们（这种情况现在越来越多），那么他们到某个时间点时必须知道这件事情，从而在自己的财务规划中算上那笔钱。比如说，你计划为自己的孙辈出上大学的费用，或者等孙辈上大学时你可能已经不在世，所以你打算死后留出那笔钱给他们读书用，那么你要让孩子们知道你的打算，这样他们可以将自己的钱更多地用于自己养老，不去过于担心 529 计划的钱。如果你觉得孩子们对遗产继承的期望过高，那么让他们拥有正确的期望值也同样重要。他们可能存的钱不多，因为他们深信自己能拿到遗产——那笔意外之财，心里有底。如果你觉得自己会长寿，自身的护理会耗费大量金钱，所以不确定过世时能留下多少钱，你也要向孩子们表达这份担忧。关键在于让他们未来的财

让女性受益一生的理财思维

WOMEN WITH MONEY The Judgment-Free Guide to Creating the Joyful,
                    Less Stressed,Purposeful (and, Yes, Rich) Life You Deserve

务规划要符合现实情况。

这些对话也能够让你有机会向孩子们传达你的价值观，告知他们你希望部分遗产要如何来花。我父母都毕业于费城坦普尔大学（Temple University）。他们对那所大学心怀感激，主要是因为它让我父亲找到了自己的人生方向，引领他走上了终生坚持的一条道路。大概 15 年前，也就是在我父亲去世前几年，我父母向坦普尔大学捐赠了 2.5 万美元，开设了系列讲座。之所以在这摆出这个金额，是因为我希望大家明白，不一定非要拥有沃伦·巴菲特的身家才可以去创造影响。自那之后，通过优秀的管理和补充捐赠，那笔捐款已经超过 10 万美元，现在变成了奖学金，每年将年度经费中的三分之一拿出来奖励传播专业的一位学生。我的父亲也毕业于传播专业。我的余生里每年也会向那个基金会捐赠资金。可能我的遗嘱里面也会给那个基金留有一席之地。我希望弟弟们也能如此。为什么？不仅仅是因为那个基金是以我们家的名字命名的，同时还因为父母曾经和我们谈过为什么他们会那样做，以及他们如何强烈地希望自己能支持坦普尔大学。这所大学现在仍然在为费城的孩子们提供高质量的教育，就像我父母当年一样。如若不是这所大学，那里的孩子可能没有钱上大学。在谈论这些事情时，我父母已经清楚表明，支持该基金不仅仅是他们的事情，也是整个家族的事情。

这些对话也同样让你的孩子们有机会去参与其中，告诉你他们想要什么，以及他们看重什么。财富顾问艾米·卡斯托罗认为，关键在于让他们通过多年的实践后拥有一定的技能，可以对你说："尽管我是老大，但并不意味着我就想经营家族生意。"或者说："我知道您支持癌症研究，我也非常支持。可对我来说，绿色能源同样重要。我们是否可以在那个方向也进行部分捐赠？"

找到适合自己的遗产分配方案

大约三分之一的家长留给继承人的钱并不是均等的。这份数据来自美国国家经济研究局（National Bureau of Economic Research）2015 年的报告。坦率地说，这个数字比我预期的高出了不少。为什么？因为钱（或其他任何东西）的数额不均等，继承人心里就会有根刺，那样实在糟糕。当兄弟姐妹中出现不均等时，情况尤甚。但如果他们不知道遗产分配会不均等呢？那种情况就是个潜在的"马蜂窝"。"你必须和孩子们讨论这个问题，"遗产规划律师莱斯·科策（Les Kotzer）说，"等你过世后他们无法解决那个问题。他们会找自己的律师来解决。"

但可能出于一些合理的原因，你在给孩子们或继承人分配遗产时并不想均分。需求是一个比较大的理由。存在特殊需求的孩子通常相比其他孩子而言需要更多的支持。不过还有一些情况，比如有些孩子要比其他孩子更成功。"曼宁家有三个儿子，伊莱、佩顿和库珀，"纽约州遗产规划律师劳伦斯·曼德尔科（Lawrence Mandelker）说，"曼宁家父母将更多财产留给了第三个儿子，因为他没有争取到数百万美元的合同，打进美国橄榄球联盟（NFL）。这样分配公平吗？"生活安排也可能会导致资产分配不均。如果有个孩子在你晚年后和你同住，送你去看医生和看牙，照顾你，你要把房子留给他，这是可以理解的。家族生意是另一个常用的例子。当有个孩子参与了家族生意，而另一个孩子没有，他们应该继承同等股份吗？如果你给一个孩子支付了 20 万美元的研究生学费，而另一个孩子没有去读研究生呢？你为后者提供了公平的竞争环境吗？

均等并不一定公平，公平也不一定会均等。但你一定在生前就在大家面前流露出自己的分配意图，并且确保孩子们会将分配方案记在心

让女性受益一生的理财思维

WOMEN WITH MONEY The Judgment-Free Guide to Creating the Joyful,
Less Stressed,Purposeful（and, Yes, Rich）Life You Deserve

里。如果你想将部分钱捐赠给慈善事业，也应该事先告知孩子们。

"在看橄榄球比赛时，只要有裁判在，比赛就可以进行。"科策说，"假设一场橄榄球比赛没有裁判，这场比赛会怎么样？而在遗产分配中，父母就是那位裁判。"如果你想比赛在自己死后继续进行，就必须制定规则。

很久以前，因为一些和本书内容无关的原因，我购买了一份终身人寿保险。最近，突然看到这份保险，我开始考虑是继续缴费还是终止保险合同。如果我能活到100岁（可能性似乎越来越大），那么我的孩子要等到70多岁才能拿到保险的钱。等到那个时候，那笔钱对他们来说又有什么用呢？我想了想可能有点用。那笔钱可以帮助他们支付可能活到110岁时的开支。但或许他们可以早一点拿到其中部分钱，帮助他们支付买房的首付（现在赚取首付的难度越来越大），送孩子们（我想某天我会有孙辈的）去上大学，或者进行创业。

如果你犹豫自己在离世前可能会需要此前攒下的钱，那就先不要对自己的资产进行分配。但如果你确定自己有一定的经济能力，那么在世时将钱分配给继承人，这样可以帮助他们去争取自己的人生目标，也可以让你开心地看到他们的奋斗成绩。如果想免税的话，你可以每年赠予每人最多1.5万美元（2019年的数字），人数不限。这个数额会慢慢增长。接收人不用为这笔钱缴税，你也不用缴税。如果你已婚，那么你和配偶每人都可以赠予该人1.5万美元，也就是合计3万美元。简单算一下，如果你的孩子已经找到了自己的爱人，而你正在帮助他们买房，你和配偶可以每人每年赠予孩子和其爱人1.5万美元，那样就可以为他们提供整整6万美元来帮助他们，而且无须为此缴税。

捐赠对象并不仅仅局限于你的孩子们。莎伦来自俄勒冈州波特兰市，是一位 CEO。她想在侄子侄女们需要钱的时候伸出援手，并不想等到自己离世后再来分配遗产。她预留了一笔钱，这笔钱可以帮助侄子侄女们不用贷款就读完大学，并且还能帮助他们支付第一套房的首付。她说："我觉得我是他们最后的依靠，也是最好的依靠。"

再次强调，你必须非常清楚自己在做什么、为什么这样做，以及你计划多久做一次。最后一点非常重要。如果你打算开始每年赠予孩子们 1.5 万美元，他们很快就会依赖起这笔钱。不要让这种行为变成习惯，除非你确信自己有能力持续赠予他们金钱。同样，如果只是一次性的赠予，也一定要让孩子们明白这一点。

想清楚要怎么来处理自己的钱，这只是第一步。接下来就是实施自己的计划。这时候就涉及法律文书了。Caring.com 网站 2017 年的调查显示，只有 42% 的美国成年人和 36% 有小孩的美国成年人拟订了临终计划，其中包括遗嘱。

很少有事情会让我感到难过。但当听说那些孩子尚小的家长并没有遗嘱时，我的心里还是会觉得不安。你只能通过遗嘱来指定自己过世后孩子们的监护人。如果没有遗嘱，法庭将会裁决孩子们由谁进行监护，而裁决结果可能并非如你所愿。裁决的过程被称为监护权诉讼，这个过程非常艰巨，通常也非常棘手。如果你读到这里，为自己也是那种父母而感到内疚，那么现在马上放下书，约一个律师，起草一份遗嘱。等你完成这些后，再回来重新拿起书，我将告诉你还要做些什么。

遗产规划的过程非常复杂，让人不免心生退意。曼德尔科解释说，颇具讽刺意味的是，就算你不想做遗产规划，事实上这些事情早已经开始了。如果你购买了一份保险，要确定受益人，那就是遗产规划。如果你指定银行账户的联名人（这不一定是个好主意，具体参考上一章），

让女性受益一生的理财思维

WOMEN WITH MONEY The Judgment-Free Guide to Creating the Joyful,
Less Stressed,Purposeful（and, Yes, Rich）Life You Deserve

这也是在进行遗产规划。你所拥有的一切资产都受到了物权法的管辖。在你过世后，那些财产或者是按照物权法进行继承，或者是按照你事先为了规避物权法而做好的安排来进行分配。

如果你过世时没有留下遗嘱，那么州法律会规定怎样来处理你的财产。例如，在纽约州，如果你已婚但无子女，那么配偶将获得你所有的财产。如果你已婚且有子女，那么五万美元将归属你的配偶，剩下的再进行分配。剩下的财产中，你的配偶将分得一半，孩子们分得另一半。曼德尔科指出，问题在于该法律规定适用于所有人，并不会将你的具体情况考虑在内。"你可能正在和配偶谈离婚，"他说，"但那不重要。从法律角度来看，你仍然是已婚。可能某个孩子 10 年来都没有和你联系过，而另外一个孩子一直和你一起生活，但他们仍然会享有相同的份额。"

如果你不希望发生那样的事情，就必须借助遗嘱来明确自己想要的安排。有些资产并不是由遗嘱说了算，其中包括养老金账户和信托基金里的资产。养老金账户里的资金将归属你的配偶，除非配偶签署弃权书。

所以，你要怎么办呢？我们之前曾经列举你的父母需要准备哪些文书。现在，答案是一样的：遗嘱、生前遗嘱、医疗护理代理书以及财务永久委托书。对很多人来说，这些文书已经足够了。但如果想要规避遗嘱公证、遗产税或为自己的赠予附加一些条件，就还需要其他的文书。

让我们先来谈谈公证问题。你可能听说过生前信托这种很常见的信托形式。律师通常称这种信托是"可撤销信托"，因为这是一种术语，而且你知道，他们是律师。你在世的时候成立这种信托，然后把资产都交给该信托来持有，通常会在遗嘱中规定过世后将剩下的资产都转交给信托。"可撤销"意味着该信托是可以改变或撤除的。有了可撤销信托，当你把资产转交给信托时，这些资产就不再属于你了。生前信托里的资产不用经过公证，所以这些资产不用等州法律来宣布该遗嘱有效就可以马上进行处理。那么你需要一个生前信托吗？如果你拥有的资产分布在多个州，公证就会是个大麻烦，此时生前信托可以派上用场。如果担心隐私问题，那么生前信托就有优势，因为它们都是不公开的，而遗嘱不是。但生前信托的成立费用一般要比遗嘱高，所以它们过去也存在过度吹嘘的问题。如果不需要生前信托，就不要被轻易说服去成立信托。

现在再来谈谈遗产税。2017年的美国税法将每个人的免税赠予额调高到了每人1120万美元。已婚夫妻的遗产豁免额度可以翻倍。该税法规定，如果国会在2025年未能通过对该税法延期，则遗产豁免额度将重新恢复到过去的数值。过去的遗产豁免额度是个人约为550万美元，夫妻为1100万美元。不管怎么样，这都是一大笔钱。如果你的资产达到或超过了500万美元，你也不想继承人支付遗产税，那么是时候找位遗产规划律师来帮忙了。事实上，当资产额达到这个水平，就算不担心税金，你也应该去找一位遗产规划律师。如果你已婚，而且想要保留夫妻二人每人最高1100万美元的遗产豁免额度，这意味着要成立所谓的"婚姻信托"①或"避税信托"②。当配偶中有人先过世，如果没有此类信托，事情就会变得非常复杂，因为所有资产就会流向在世的一方。如果在世的配偶因此到过世时遗产额超过了遗产豁免额度，那么最终的继承人可能就要为家族资产缴税。是时候找位律师来帮忙了。

---

① 先过世的那方指定财产受益人，在世的配偶可以领取信托中的收益，如果他/她生活穷困潦倒，还是可以支取本金，以保证其生活质量，但无权修改受益人及分配情况。——译者注

② 先过世的那方指定财产受益人，在世的配偶可以领取信托中的收益，但不能领取本金，并无权修改已指定的受益人。——译者注

让女性受益一生的理财思维

WOMEN WITH MONEY The Judgment-Free Guide to Creating the Joyful,
Less Stressed,Purposeful （and, Yes, Rich） Life You Deserve

婚姻信托和避税信托所需的法律文书是最简单的。这些法律文书读起来晦涩难懂，而让与人保留收入信托（GRIT）、让与人保留年金信托（GRAT）和让与人保留收益比例信托（GRUT）更是其中的典型。我不想去解释所有这些文书的细枝末节。这些文书不是什么独角兽，它们都是实实在在存在的。我想说的是，天有不测风云，人有旦夕祸福。你也不想自己的继承人在继承资产时准备不足，手足无措。信托可以被当作有附加条件的赠予（通常这些附加条件是锦上添花），它们可以给你提供帮助。信托基本上可以托管各种类型的资产，包括现金、证券、不动产和人寿保险。委托人或者是将资产直接交给信托，或者是指定由信托在自己过世后接管遗产（这就是遗嘱信托）。信托由委托人指定的专人（即受托人）来负责管理，并且拿出部分资产（收入和本金）根据指示或受托人的判断来分发给受益人。

在旧金山城外的一次 HerMoney 欢乐时光聚会上，一位女性指出，她就得到过信托的那种帮助。"我上的是私立学校，学费是由我祖父母的信托支付的，"她说，"我孩子的学费则是由姻亲成立的信托承担的。这种方式大有好处，毕竟学费可能比房产贷款还高。如果我们有孙辈，并且有钱的话，我也会那样去帮助他们。希望能如此。"

不管钱是父母留给孩子的，还是祖父母留的，或者是有着漫长历史的家族资金，遗产规划律师会根据情况采用不同的策略，确保孩子们不会一下子拿到那些钱。21 岁的年轻人如果一下子拿到 100 万美元的人寿保险赔偿金，他们可能会认为自己腰缠万贯，大学都不用读了，或者采取其他鲁莽的行动。因此，我们会把那些资金分成几块来分发，部分可以在他们 25 岁完成教育时领取，部分可以在他们 30 岁结婚买房时领取，还有部分在他们 35 岁有小孩的时候领取。就算他们将第一笔领取的资金给挥霍掉了 [因为大家都知道，大脑（尤其是男性的大脑）要到

25 岁左右才真正成熟]，在拿到后面两笔钱时会变得聪明一点。其他遗产规划师则推荐"终生信托"，即资产不会在受益人达到特定年龄时自动进行分发，而是一直留在信托资金内，直到受益人因为健康、教育或者甚至任意原因（你可以预先进行规定）而需要资金时再提取。这样做的好处在于，如果孩子们到了可以提取部分资金时却陷入了债务问题或正在办理离婚，这些资产仍然可以受到信托的保护。

另一个重要的方面就是在选择受托人时要明智，并且授权他遵循你的价值观来分发资金。在婚姻信托（这是为了保证你或配偶的权力）中，先过世的那一方的资产通常会直接转入信托，由在世的那一方来使用。这种情况通常是借助信托来避税，而不是为了遏制青少年子女花钱的冲动，因此你所选择的受托人应该与在世的配偶关系良好，而且要给予他们一定的自由，让他们可以不仅仅动用信托的收入，在必要时也能动用本金。

如果成立信托是为了孩子们，你在选择受托人时要更加小心。当孩子们提出要钱，但目的违背孩子们的长期利益时，该受托人会加以拒绝。将钱放在信托的另一个好处就是债权人保护。如果孩子们欠信用卡公司的钱，欠离婚的配偶的钱，或者是因为法律诉讼而背负上了债务，债权人不能要求强制执行信托里的资金。

信托在成立时也可以设置激励性的附加条件，即接收人只有达到信托规定的要求才能得到赠予。信托可以规定接收人大学毕业方可领取一笔钱。如果他们就读的是商学院，并且通过了律师资格考试，你可以让他们从信托里多领取一些钱。这是否能有效地在几代人中传递先辈们的价值观呢？或者这是个相当糟糕的办法？专家们在这个问题上意见不一。"设置教育、学位以及薪资水平方面的激励条件，这种做法可能会带来问题，因为它们不能有效地体现出你的意图。"曼德尔科说，"如果

让女性受益一生的理财思维

WOMEN WITH MONEY The Judgment-Free Guide to Creating the Joyful,
Less Stressed, Purposeful（and, Yes, Rich）Life You Deserve

孩子们进入了社会工作领域，并没有加入对冲基金，难道你想为此去惩罚他们吗？"

我个人不太喜欢这种方式。在我的成长过程中，我父母教导我们要"做自己认为正确的事情"，这句话让我（大部分时间）能做到熄灯之前回家，并且远离高中校园后面那些抽烟的同学。我基本上就是那样做的。但我不认为应该用钱去激励孩子们争取好成绩，所以我也不认为在信托里面增设附加条件是一种长期解决方案。大多数情况下，最终孩子们会走上你为他们选择的道路，成年后拿着大部分遗产坐在心理治疗师的沙发上抱怨东抱怨西，苦不堪言。

另一种办法就是所谓的道德遗嘱。你可以自己起草。这不是法律文书，起源于犹太人的做法。道德遗嘱就是一封信，你在这封信里写下自己对子孙们一生发展的希望，并且用自己的资产来帮助他们实现这种希望。"人们可以借助这封信永久地记录下自己所看重的价值观。"理财顾问苏珊·特恩布尔说。对一些人来说，他们记录的是爱和感恩。而对有些人来说，这是一种信息沟通方式，说明他决定分配自己的遗产。有时候，这封信可以用来处理家族中一些未能完成的生意。你可以在世时将这份遗嘱交给继承人，也可以将这份遗嘱和其他文书放在一起，等你过世之后他们才能查看。你甚至可以采用视频的形式。特恩布尔表示，不管采取哪种方式，其目的就是让继承人们懂得"我们的财富并不只有金钱"。我喜欢这句话。

用捐赠改变周围世界

我不得不承认，当第一次听到孩子们称他们在大学里的筹款活动是他们的"慈善事业"时，我觉得有点好笑，但他们说得没错。你不一定非要有百万家产才能给这个世界留下遗产。成为慈善家并没有任何财富门槛。任何人只要是为了让这个世界变得更美好而捐赠自己的金钱、时间、才华或技能，就都是慈善家。我们想最大限度地把自己的钱留给孩子们或其他继承人，我们同样也应该让自己的捐赠能最大限度地去支持那些我们认可的慈善事业。

当然，你会出席朋友组织的筹款活动（或者担任活动的委员会成员或主持人），因为你爱她，也可能是因为她也曾那样给你捧过场。我朋友乔纳森曾经在自己最喜欢的非营利性组织的筹款活动邀请函上写了一句话："这就是友情的代价。"说得好！但有时候，我们可以对如何分配自身资源来支持慈善事业进行更深入的思考和更细致的计划。我们中很多人没有抓住这种机会。我们在捐赠上没有积极主动地去计划，只是被动地响应。

因此，我们最终感觉有点兴趣索然。"我想说，我可以用钱去发挥影响力，但我从来不觉得我的钱可以创造很大的影响，"朱莉说，"我会向慈善机构捐赠少量资金，也在各种慈善事业的筹款活动上捐款支持朋友和家人们。我一直在努力进行捐献，但从来没有觉得我的捐款起过什么作用。"朱莉来自宾夕法尼亚州，是一位阅读专家。

我理解这种感觉。当慈善新闻大肆报道亿万富豪承诺捐赠自己的一半身家时，我们会很容易感觉自己的捐赠太微不足道了。但你要做的就是看到冰桶挑战（Ice Bucket Challenge）的成功。这项活动最终筹集资金超过 1 亿美元，为相关研究提供了资金，并且最终发现了新的基因，有助于渐冻症的治疗。或者你可以去看看每年数百万小额捐赠汇集到一起，让伯尼·桑德斯（Bernie Sanders）这位在 2018 年总统竞选中有望获胜的候选人懂得了小额的个人捐赠非常重要。

让女性受益一生的理财思维

WOMEN WITH MONEY The Judgment-Free Guide to Creating the Joyful,
Less Stressed,Purposeful（and, Yes, Rich）Life You Deserve

尤其当你知道这些成就都是女性取得的时候，你会感触更深。顾问吉纳·罗特施泰因（Gena Rotstein）表示，女性为北美 GDP 贡献了约70%，所以我们将会改变慈善捐赠的版图。慈善机构对此反应不一。男性在捐赠 1 万美元或更多金额时，他们通常在六个月之内就会做出决定，而女性通常要三年的时间，而且我们也将影响到慈善组织的设计、组织和管理。

在捐赠时最好能积极主动一点。不要因为他人找到你才捐款，我们必须改变这种做法。在进行慈善捐赠时讲究方法和策略，确保自己捐出的钱能发挥最大的作用。

弄清楚自己想要实现什么目标，而且你将为这个目标捐赠多少金额。你的捐赠要有计划性，为此需要掌握两类信息：你希望能带来哪种改变？为此你需要捐赠多少资源？这两个问题的答案都取决于你自己的想法，但弄清楚自己想要实现的改变和你将投入的金钱或时间，你就能从那两个方面来评估自己的成果。纽约州律师埃利安娜和其丈夫正是采用的这种方法。"我们有一张表格，列出了我们希望支持的所有慈善组织，以及我们每年可以捐赠的金额。我们会把捐款分配给这些组织，"她说，"我们每年会努力去筹集捐赠额，并且时不时地去补充和剔除清单上的组织。"当你有了这种计划，就能更轻松地告知那些找到你的慈善组织你早已捐款，因为清单就在这里。你或许会想留出一小笔能自由支配的钱，当朋友请你捐款时能使用。这样你还是可以坚持自己的慈善目标，同时又不至于让朋友扫兴。

减少支持的慈善项目数量，增加每个项目的捐赠额。慈善机构必须支出一定的管理成本来处理每笔捐款，所以减少捐赠对象的数量，增加对每个捐赠对象的捐赠额，这样能减少管理费用，让所捐款项能有更大比例真正流向慈善机构。其中一个办法就是进行定期捐赠，即承诺每个月或每季度进行捐款，这笔金额会自动从你的银行账户转账或从信用卡里扣款，这样就可以提高慈善机构的运营效率。慈善领航组织（Charity Navigator）首席发展官香农·麦克拉肯（Shannon McCracken）解释说，慈善机构知道你会捐款，这样就可以节约向你进行宣传的费用，而且这种方式可以提升慈善机构的现金流。"12 月时慈善机构会收到大量的捐款，"她说，"但慈善机构一年到头都需要资金。"

进行调查研究。过去 10 年里，效果驱动型慈善工作逐渐发展起来。这些慈善工作不仅仅关注社会影响，同时还致力于帮助捐赠人寻找机会充分发挥捐款的作用，力争创造最大的影响（而不是只为了纪念捐赠人所深爱的人）。如果你也对这种慈善工作感兴趣，那么宾夕法尼亚大学的高影响力慈善中心（Center for High Impact Philanthropy）可以为你指明方向，或者至少查看 GuideStar 和慈善领航组织这些网站，确定要如何进行捐款。

不管是有生之年还是过世之后，都要力争让捐款发挥最大的影响力。在这个方面有两个原则：一是，（就算是按照最新的税法）只要你能列出捐款清单，这些款项就可以抵税；二是，因为慈善机构不用缴纳资本利得税，所以你可以仔细选择捐赠给慈善机构的资产。如果将可以增长的资产（例如股票）捐赠给慈善机构，该机构在将股票卖出后不用缴税，但如果是由你卖出就需要缴税。这样实际上你捐赠的少，但慈善机构得到的多。优秀的遗产规划律师可以在这方面给你帮助。还有以下策略可供考虑。

- 将慈善机构设定为特定资产或账户的受益人。这是一种聪明的避税方法，对个人养老金账户和 401（k）这类延迟纳税账户而言尤为有效，因为慈善机构不用缴纳所得税，而继承人要缴税。为了减少税金，你可以将部分或所有养老金账户留给慈善机构，而将不用缴税的其他资产留给自己的继承人。

- 开设捐赠人指导性基金账户。这要在世时开设。你可以根据自己的想法向这个账户内转入现金、股票、不动产或其他资产，每次转入资金／资产时都可以享受到减税（你要详细列举）。基金会拿着这些资产进行投资，资产增长是免税的。此后，你使用该基金账户内的资金捐赠给符合要求的慈善机构，或者在你过世后由你的继承人来进行捐赠。

- 将资产转入剩余财产慈善信托。这是不可撤销信托，也就是你在将资产转入该信托后就无法再拿回来。你将资产／资金交给信托，然后享受由此带来的税收优惠。信托内的资产会被用于投资，然后你（或你的投资人）在一定的年限里可以收到那些投资所带来的收入。在信托到期后，慈善受益人将会接收剩下的资金。

- 将资产转入慈善先行信托。思路相同，但顺序相反。信托的收入在一定年限内先分配给慈善机构。到期后，剩余的资产将分配给你的继承人。请注意：慈善信托有各种各样的分配顺序。如果感兴趣，请找律师咨询。

- 成立慈善捐赠年金。你现在向慈善机构捐赠款项，然后用这笔金额去抵税，而慈善机构在你的有生之年会将那笔捐赠款的收入交付给你。在你过世后，慈善机构会留下剩余的资金。

行善讲究方法

2018 年初，全球最大的投资公司黑石集团（BlackRock）主席拉里·芬克（Larry Fink）表示集团将会更加积极地推动其所投资的公司在进行商业决策时从广泛的角度考虑决策的影响。"社会要求不管是私有还是国有公司都要承担一定的社会责任，"他在黑石集团每年致 CEO

们的信中写道，"为了能保持长期的繁荣发展，各公司不仅必须取得出色的经济业绩，同时还必须给社会创造积极的贡献。公司必须为所有利益相关者谋福利，其中包括股东、员工、顾客和他们经营地所在的社区。"

行善不一定要捐钱，你还可以通过投资来创造改变。影响力投资就是利用钱来创造可加以衡量的、有益于社会或环境的变化，并在同时实现具有竞争力的投资回报的。

几十年前，我们曾经提出社会责任投资这个概念。社会责任投资主要是针对负面影响，比如不要投资香烟或枪支制造商的股票，不要购买那些在投资组合中有这些股票的共同基金。通过这种投资方式赚钱更多像是马后炮。

影响力投资则更像是《点球成金》（Moneyball）。投资时不用去筛选那些做错事的公司，而是筛选在三个范畴内做对事的公司。这三个范畴被慈善界称为 ESG，即环境（比如水的利用、可持续资源和气候变化）、社会（包括戒烟、关注工作场所福利、多元化和反歧视以及人权）和公司治理（例如董事会多元化和董事会独立性）。这方面的投资正在快速发展。可持续和责任投资论坛（Forum for Sustainable and Responsible Investment）的数据显示，到 2015 年底，美国专业管理的资金中，有 20% 是遵循这些原则进行投资的。女性和千禧一代正在起到表率作用。

"要买东西时，不管是买车还是买车子用的轮胎，我都会先做大量研究，收集所需的各种信息，力争做出最好的决定。我会根据信息来缩小选择范围。但如果那些可供选择的东西让我感觉不好，我也不会买。"俄亥俄州管理顾问艾丽莎说。她在投资上也是如此。"我会在下决定前

让女性受益一生的理财思维

WOMEN WITH MONEY The Judgment-Free Guide to Creating the Joyful,
Less Stressed,Purposeful（and, Yes, Rich）Life You Deserve

先进行研究。这只股票值不值得买？我喜欢这家公司的业务吗？我会喜欢在这只股票上投那些钱吗？"

现在，ESG 基金有 100 多只，其中包括了指数基金和 ETF。通过搜索引擎搜索一下，你会发现部分基金针对的是广义的"社会"指数，而其他则重点关注性别多元化、清洁能源或不用化石燃料等单一主题。尽管这些基金不像市场整体那样有多年的业绩数据（尤其是熊市的数据），但这样的投资并不会影响投资回报。有些研究显示，这样反而能起到好的效果。摩根士丹利可持续投资研究所（Morgan Stanley Institute for Sustainable Investing）分析了从 2008 年到 2014 年的业绩数据，发现 ESG 基金一般波动性相对较小，回报相对较高。为什么会是这样呢？让我们再来看看 ESG 基金的投资原则。不难发现，公司如果能提供良好的职场福利，员工的幸福感和生产力都会得到提高，公司的营收和估价也会相应受益。

ESG 筛选也可以预先发现公司问题的一些端倪。纽文投资公司（Nuveen Investments）的马丁·克莱门斯特恩（Martin Kremenstein）曾经根据 ESG 标准成立了一系列基金。他解释称，公司根据这些积极因素进行筛选，由此在大众公司的尾气排放丑闻爆发之前就已经将该公司从投资组合中剔除掉了，也在艾可菲公司（Equifax）爆出数据泄露事件之前将其踢出了投资组合。公司筛选怎么能提前发现那些问题呢？并不一定能发现。但纽文投资公司在进行筛选时的确对艾可菲公司的数据安全性和大众公司的环境保护存在担忧。克莱门斯特恩说："我们根据多个方面去打分：你会有效地使用自身资源吗？你如何对待员工？你如何对待顾客？所有这些都是非财务方面的因素，可以让你对公司有更好的了解。"

想要进行影响力投资，最大的障碍就是缺乏可投资的对象。如果想打造多元化的投资组合，通常就要投资国际化的大公司。而如果按照 ESG 标准来筛选，那类公司就会被剔除掉。克莱门斯特恩和其他人找到的方法就是剔除那些在传统"罪恶领域"（香烟、烈酒、军火和核能）的公司，然后再从全球其他企业中挑选最出色的公司，将它们纳入自己的投资组合中，这样能源和公共事业公司就可以留下来。"你的投资组合中，最终都是那些希望能让世界更美好的公司，"他说，"这个投资组合也能够减少碳排放。"

用其他方式改变这个世界

最后，还必须指出，还有其他方法可以帮助你利用金钱来改变身边的世界。你不一定要去分享金钱或拿钱进行投资，还可以去认真思考赚钱（选择到非营利性组织工作或者到和你拥有同样价值观的企业工作）和花钱的方法，这两个方面同样会给身边的世界带来重要的影响。就在我完成本章节内容并进行最后收尾工作的那段时间里，福克斯新闻频道（Fox News）的劳拉·英格拉姆（Laura Ingraham）在 Twitter 上批评了佛罗里达州派克兰市道格拉斯高中（Marjory Stoneman Douglas High School）枪击事件中的一位青少年幸存者，于是该学生自己利用社交媒体，集结了广告商来抵制英格拉姆的节目。

广告商并不怕这位高中生，它们只是担心大家会明白他话语中的道理，再看到这些广告商在英格拉姆节目中出现时，会停止购买它们的产品。"你每天都用钱在投票，"Share Save Spend 公司创始人兼总裁南森·邓根（Nathan Dungan）说，"如果把所有这些选票加在一起，数量相当可观。如果有很多人开始谈论自己的选票，那就是一股巨大的力量，你突然就改变了这个世界。"该公司的目标就是帮助个人和家庭遵循自身的价值观做出财务决定。

这种思想正在发展。科恩传播公司（Cone Communications）的报告指出，87%的消费者会因为公司呼吁自己所在意的社会问题而购买该公司的产品，76%的消费者会在得知公司支持与自己的信仰相背离的问题而拒绝购买该公司的产品或服务。

如果你开始思考或尝试去了解自己购买的每项产品的业务实践和供应链情况，那么你会被巨大的工作量所压垮。但如果有部分问题是你最看重的（比如支持动物权利和本地企业，减少浪费），那么改变自己的购物方式，这可以确保你的钱不会流向自己所反对的做法。这样花钱也会让你感觉好一点。这绝对不会是一件坏事。

▌理财思维小结

- 女性手中掌握的钱越来越多，我们可以发挥更大的影响力，不仅仅去影响我们的家人和社区，同时还可以去影响周围的世界。

- 打造自己的遗产是指认真思量在世时和过世后可以通过哪些方法来处理自己的资产。为孩子们着想的话，信托会是一种值得信任的方式，能确保孩子们在做好准备接收一大笔钱之后才能拿到那些金钱。

- 你也可以通过投资和花钱的方式来影响这个世界。你并不一定要为此放弃投资回报或所购买产品的质量。

我们的收获

我必须承认,在撰写每个章节后面的小结时,我都会头痛要起个什么标题。"理财思维小结"是不是显得太正式?太有说教的感觉了?但后来我发现,不管是参加欢乐时光聚会的女性、写信给我的播客听众,还是为该项目所采访的专家,我从他们身上学到了很多东西。所以我认定,就应该起这个标题。作为女性,我们的经济实力和在全球的影响力都在快速增长,相应地我们必须不断学习,以免被社会抛下。我希望大家在读过这些文字后能有下面这些收获。

第一部分的收获

你是如何用钱的?你面对钱有什么反应?你个人是如何看待金钱的?你与金钱的关系取决于生命中那些推动你去赚钱的种种事情。不管是为了获得安全感、权势或独立,是为了实现让世界更加美好的愿望,还是出于其他目的,这些动力都与你的成长经历和我们作为人类的生理特征密切相关。你可能现在已经完全远离成长的环境,但永远无法逃避过去那段经历对你的影响。了解这些影响因素,弄明白它们是如何影响你的,又如何影响你同家人、朋友和伴侣打交道的方式,这是你把控自

让女性受益一生的理财思维

WOMEN WITH MONEY The Judgment-Free Guide to Creating the Joyful,
Less Stressed,Purposeful（and, Yes, Rich）Life You Deserve

身经济生活的关键。

第二部分的收获

在我们能掌控（或者至少是懂得）自己与金钱之间的关系后，就可以开始让自身的经济实力发挥最大作用，让钱再生钱。是时候消除男性和女性之间的工资差异了，只是这个任务相当艰巨。所以，让我们去争取自己的薪水，去确保我们手下的女性员工能享受到公平的薪资，让我们"各个击破"。通过工作来赚钱只是第一步，现在也是时候进入投资领域。这不是说我们要天天买卖股票，而是要去打理我们放在养老金账户（和其他账户）内的资金，确保这些资金能帮助我们实现目标。创业和投资房地产也是赚钱的重要方式。是的，我们也必须允许自己享受辛勤工作带来的福利。花钱不是一个贬义词。我们应该以正确的方式花钱，让自己从中找到快乐。

第三部分的收获

在我们能把控自身的经济生活后，就可以开始将目光投向生命中其他重要的人物，以及我们生活的这个世界。身为女性，我们会在孩子、父母、社区和我们关心的慈善事业上投入大量的时间和精力。我们应该更有目的性，在利用可支配的资金时应该要进行明确、聪明且长远的思考。对于孩子，在他们年幼时应该教育他们如何用好自己的钱。随着他们慢慢长大，我们要给他们更多的钱，训练他们如何来打理钱，然后最好能让他们慢慢走向独立。对于父母，我们要找到合适的方式，充分利用他们自身的资金来帮助他们。当我们也要出资帮助他们时，应该避免因此破坏自己后半生的经济生活。最后，我们可以、也应该利用所有这些经济力量去行善，去帮助我们的家人，去支持我们所在乎的慈善事业；或者从更大的角度来说，经过深思熟虑后，通过投资、捐赠和花钱去改变这个世界。

　　我希望你们会喜欢这本书带给你们的文字之旅。我每周会在 HerMoney 播客、HerMoney 的 Facebook 小组，以及 HerMoney.com 网站和大家继续探讨和分析这方面的感悟。欢迎大家加入我们。如果愿意，也可以给我留言，告诉我你在金钱方面的故事。我发誓，我会阅读所有留言。

北京阅想时代文化发展有限责任公司为中国人民大学出版社有限公司下属的商业新知事业部，致力于经管类优秀出版物（外版书为主）的策划及出版，主要涉及经济管理、金融、投资理财、心理学、成功励志、生活等出版领域，下设"阅想·商业""阅想·财富""阅想·新知""阅想·心理""阅想·生活"以及"阅想·人文"等多条产品线，致力于为国内商业人士提供涵盖先进、前沿的管理理念和思想的专业类图书和趋势类图书，同时也为满足商业人士的内心诉求，打造一系列提倡心理和生活健康的心理学图书和生活管理类图书。

《逆商：我们该如何应对坏事件》

- 北大徐凯文博士作序推荐，樊登老师倾情解读，武志红等多位心理学大咖在其论著中屡屡提及。逆商理论纳入哈佛商学院、麻省理工 MBA 课程。
- 众多世界 500 强企业关注员工"耐挫力"培养，本书成为提升员工抗压内训首选。

《学会投资：让未来无忧的博格投资课（第 2 版）》

- 那些适用于生活中大多数挑战的典型常识与方法"注定会让投资者们变穷"，理解逆向投资者的智慧就是投资获得成功的第一步。
- 本书的三位作者基于博格先生的投资智慧，通过幽默的文笔以及睿智的讲解，详细介绍了博格先生的投资原则和价值观，并总结出了投资的简单原则。

《价值投资：从格雷厄姆到巴菲特的头号投资法则》

- 格雷厄姆和多德价值投资理念传承者的扛鼎之作。
- 备受美国众多知名基金经理人和华尔街投资大牛推崇的、所有价值投资门徒的比读书。
- 当代最重要的投资宝典之一、堪与格雷厄姆的《证券分析》媲美。

《逆势而动：安东尼·波顿成功投资法》

- 叱咤投资界 28 年，总投资回报超 140 倍。曾被《泰晤士报》评选为史上十大投资大师之一的"欧洲股神"教你以逆向进取的方法寻求资本成长的机会。
- 彼得·林奇亲自撰写推荐序。

《跟大师学指数投资》

- 全球十位投资管理行业终身贡献奖获得者之一、全球备受尊敬的投资家为你梳理指数投资从无人问津到笑傲江湖的发展历程，用事实证明只有了解指数投资优越性的投资者才可能成为真正的投资赢家。
- 高瓴资本集团创始人、董事长兼首席执行官张磊，美国投资大师伯顿·马尔基尔（Burton G. Malkiel）作序推荐。